U0136042

天體演化概論

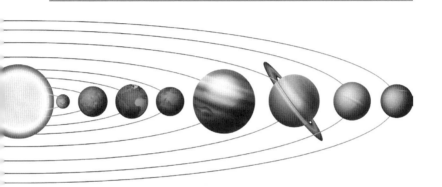

劉泰祥　著

2015 年 11 月

蘭臺出版社

前　言

　　自古以來，人們就一直未停止過對各種天體、太陽系、銀河系乃至整個宇宙的探索，逐步認識到地球是球形的、地球圍繞太陽運行、太陽系是演化的，建立銀河系和行星概念，乃至天體物理學和現代宇宙學的開創與發展。每次認識上的重大進步，無不讓人們為之歡欣鼓舞。

　　然而直到今天，我們對太陽系起源的認識，以及各種天體乃至整個宇宙的結構、演化與運行的理論，絕大多數還處於假說、猜測與長久的爭論之中。我們不得不面對這樣一個尷尬的現實：對天體和宇宙的探索我們還處在初級探索階段。縱觀人類探索宇宙的歷程，可以說人們為此已經竭盡全力，為什麼得到的卻是事與願違的結果呢？

　　首先，縱觀人類認識自然界的過程，不難發現，人類認識自然界，既不是從微觀粒子開始的，也不是從宇觀的天體、星系開始的，而是從宏觀的身邊事物開始的，而後才開始向小尺度的微觀和大尺度的宇觀延伸。

　　系統相對論認為，質量和電荷都是從相互作用匯出的

概念，它們都源於人們對萬有引力和庫侖力的體驗，將這種宏觀體驗與對宏觀現象的視覺觀察相結合，找出相互作用與運動的關係，於是創立了牛頓力學和電磁理論。由於這些理論都建立在宏觀的體驗與觀察基礎之上，故稱之為宏觀物理學。

然而，我們從宏觀所看到的物質性質是由物質微觀層面上的性質所決定的。換言之，質量和電荷的性質可以從物質的微觀性質推導出來。由此可見，質量和電荷的基本性是令人懷疑的。因此，我們在將這些宏觀概念推廣到宇觀（或微觀）的時候，要特別慎重，否則會將我們引入歧途。

其次，如果說，宏觀體檢與宏觀觀察相結合就可以得到一個有效的宏觀理論的話（牛頓力學和麥克斯韋電磁理論在宏觀領域的成功已經證明瞭這一點），那麼，我們已經建立的宇觀領域（和微觀領域）的理論就值得商榷了。這是因為，這些宇觀領域的理論並非宇觀體驗與宇觀觀察相結合的產物，而是宏觀體驗（即依託宏觀概念）與宇觀觀察相結合的產物。然而，宇觀（或微觀）環境與宏觀環境是不同的，如果我們身臨其境會有完全不同的體驗。因此，我們已經建立起來的宇觀領域的理論（包括天文學方面的一些理論和宇宙學方面的理論）逐漸陷入更加艱難的困境之中，也就不足為奇了。

　　令人遺憾的是，為了擺脫困境，許多科學家還在不遺餘力地對現有理論進行一些「枝葉」上的修補。由於問題的根源在於宏觀概念的直接引入（即理論的根基——基本概念——存在問題），雖然對這些理論修正的努力可以解決一些燃眉之急的問題，但不可避免地會帶來一些新的問題和矛盾，故不可能從根本上解決問題。

　　再次，我們的一切體驗都依賴於我們的感官，而我們的感官是經長期進化與地表環境相適應的產物。既然感官是與環境相適應的產物，那麼它就不可能超越環境，而是與所處環境相協調的一種特設。

　　一方面，相對浩渺而複雜的整個宇宙，地表環境是極其微小的和極為特殊的一種環境。在這種特殊環境中形成的感官，也只能感受到地表環境所呈現出的某些特殊的物質性質。換言之，我們的感官只能感受到物質在宏觀層面上的部分側面的性質而已。顯然，這些感受到的物質性質與物質的本性相比，還遠不在一個層次上。

　　二方面，特定的活動方式和競爭關係，也決定著感官的局限性。如果我們的眼睛具有跟鷹眼一樣的功能，那麼我們的世界將不存在色彩，而是一個黑白世界。也就是說，在物質的性質中，我們要去掉「顏色」這一項。還有，我們的感官是在環境的差別刺激下而產生和強化的。因此對

於那些無處不在的背景物質（如充滿整個空間和物體內部的超流體物質），我們也是無法看到和感知的，如同水中的微生物感覺不到水的存在一樣。

如上所述，由於感官的局限性，導致我們的宏觀經驗被推廣到宇觀（或微觀）過程中必然存在偏差。換言之，我們戴著宏觀經驗這幅眼鏡，看到的宇觀（或微觀）現象，既有圖像上的扭曲，也存在認識上的曲解。

這些思考是系統相對論核心思想的一部分，也是系統相對論理論的出發點和立足點，但不是本書要直接討論的內容。根據系統相對論，本書主要以一個典型天體的產生、發展到消亡為主線，對天體、星系的起源、結構和演化等進行簡要闡述。

由於本書涉及系統相對論中的一些概念，建議讀者參考《系統相對論》一書閱讀，《系統相對論》書籍出版情況見附錄三；另外，該書的第二版（科學技術文獻出版社）在我的博客有轉載，博客網址：http://blog.sina.com.cn/ltxsr，歡迎讀者參閱。由於時間、知識所限，難免存在一些錯誤，敬請讀者批評指正。

本書主要描述了從超流體物質產生的宇宙之磚（系統相對論稱之為 cn 粒子），經原始星雲、恆星、白矮星、

中子星，最終演化為由宇宙之磚構成的宇宙中最大的單粒子體——超核（俗稱黑洞），並在黑洞大爆炸中宇宙之磚又回歸超流體物質的過程，這更像是一次宇宙探秘之旅。

倘如此，前文所述就是這次探秘之旅的「遊覽須知」。好了，現在請戴上系統相對論這副眼鏡，開始我們的宇宙探秘之旅吧。

劉泰祥
2015 年 6 月 於新加坡

目 錄

第一部分

太 陽 系

第 1 章

太陽系起源

第 1 章　太陽系起源

　　太陽系起源一直是自然科學的著名問題，歷史上曾提出星雲假說、星子假說等多種觀點，其中最為著名的星雲假說是康得假說和拉普拉斯假說。康得假說是德國哲學家康得（I.Kant）於1755年根據萬有引力原理提出的一種"微粒假說"，它能說明行星的運行軌道具有的共面性、近圓性、同向性等特點，但解釋不了太陽系的角動量來源。

　　1796年，法國數學家拉普拉斯（Laplace）提出，太陽系由一個灼熱的氣體星雲冷卻收縮而成。拉普拉斯假說同樣能解釋行星運行軌道的各項特點，以及組成太陽、行星和衛星的元素一致性，也能解釋太陽系角動量的由來，但解釋不了角動量分佈的特點。另外，目前人們已探知，宇宙中許多星雲的溫度並不高，星雲在收縮過程中，溫度不是降低而是升高。

　　由於康得假說和拉普拉斯假說都解釋不了行星的角動量問題，進入20世紀後，德國物理學家魏紮克（K.Weizsacker）、英國天文學家霍伊爾（S.F. Hoyle）、瑞典天體物理學家阿爾文（H. Alfven）又先後提出了各自的假說。1977年，我國天文學家戴文賽根據天文觀測資

料並吸取各家假說之長，提出了關於太陽系形成的新看法。

　　關於太陽系起源，已經提出的各種假說或看法都有各自的優勢也存在不足。近半個世紀以來，已經取得許多有關新資料，太陽系起源又稱為活躍的前沿課題。系統相對論支持太陽系來源於原始星雲的觀點，但與上述星雲假說所描述的形成原理不同。本章主要討論系統相對論的太陽系形成原理。

1.1 原始星雲渦的產生

太陽系起源於銀河系中心黑洞（實質是一個類似原子核的宇觀尺度的單粒子體）雙極噴流所形成的原始星雲（詳見第 7 章），構成原始星雲的微粒主要由電子、質子、原子、分子等極性粒子[1]組成（主要是氫和氦）。原始星雲中相鄰粒子之間的轉動是一種相對穩定的協變運動，進而整個原始星雲構成一個宇觀尺度的協變系統[2]，又稱多體系統。如圖 1-1a 所示。

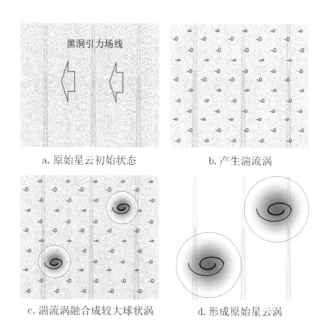

a.原始星云初始状态　　　　　　b.产生湍流涡

c.湍流涡融合成较大球状涡　　　d.形成原始星云涡

圖 1-1 原始星雲渦形成原理

原始星雲演化成原始星雲渦的過程大體分為三個階段：

第一階段：形成星雲流體

黑洞引力場隨黑洞一起轉動，在黑洞引力場的拖拽作用下，原始星雲在黑洞（即超核）赤道面上圍繞黑洞運動。於是，原始星雲中粒子一邊自轉一邊隨整個原始星雲一起在黑洞引力場中運動（參見圖 7-2），形成星雲流體。

第二階段：產生湍流渦

由於星雲流體中粒子的質量大小不一（即物質不均勻），質量越大的粒子其運動速度相對越慢一些，進而成為星雲流體中的一種障礙物。於是，如同洪（水）流因受到阻礙會產生湍流渦一樣，在那些較大質量粒子運動方向的前面會形成湍流，進而生成一串串球狀湍流渦。

第三階段：形成球狀原始星雲渦

如上所述，生成的無數湍流渦隨星雲流體運動，一部分自行消失；一部分相互融合，逐漸形成較大的渦旋（如同熱帶氣漩的形成過程），並隨著吸收周圍更多的湍流渦而不斷增大。最終，星雲流體中形成若干球狀原始星雲渦。

於是，原來作為一個整體的星雲多體系統，演化為若干個相互獨立的原始星雲渦，它們各自成為與黑洞引力場相互作用的二體系統，如圖 1-1d 所示。這其中的一個原始星雲渦就是太陽系的最早雛形。

1.2 太陽的產生與原始星雲渦結構演化

　　原始星雲渦呈球體結構，它的渦軸與球面的兩個交點稱作原始星雲渦的南極和北極，如圖 1-2a 所示。遵循渦運動的自誘導運動機制 [3]，原始星雲渦在形成之後，接著就開始了它的演進歷程。

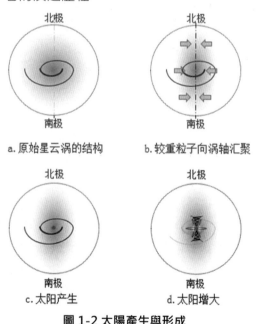

圖 1-2 太陽產生與形成

1.2.1 太陽的產生與形成

原始星雲渦的演化首先是太陽的產生過程。在自誘導運動機制的驅動下，隨著時間的推移，原始星雲渦開始按如下幾步順次演進：

第一步：粒子軸向聚集，內部溫度壓力增高

原始星雲渦中的較重粒子（主要是氫和氦等粒子）進一步向渦軸附近聚集。與此同時，一方面，原始星雲渦的收縮使內部光子能量密度[4]增大而溫度升高；另一方面，隨著原始星雲渦的渦運動逐漸增強，粒子（原子核）之間的相互作用增強，使原子核處於激發態而不斷輻射光子（參見第 6 章注釋 3）。於是，內部的溫度、壓力也不斷升高和增大，如圖 1-2b 所示。

第二步：中心粒子液化，初始太陽產生

隨著原始星雲渦內部溫度壓力的持續上升，在它的中心先是氣態粒子的液化，繼而氫和氦的熱核反應（核聚變），逐漸形成各種較重的原子、分子。這些原子和分子彙聚在原始星雲渦的中心並高速轉動，形成一個液態球體。這時，初始的太陽產生了，如圖 1-2c 所示。

第三步：太陽產生雙極吸盤

隨著太陽的產生，太陽引力場同步產生。一方面，在太陽引力作用下，太陽附近的高密度的較重粒子不斷被吸入太陽體內，於是在太陽周圍出現一個物質低密度區，如圖 1-2d 所示。這個區域最終演化為太陽的大氣層及其週邊空間。

　　另一方面，太陽兩極上方渦運動的粒子，在太陽引力作用下，不斷漩入太陽體內，進而形成兩個漩渦，稱作太陽的兩極漩渦，又稱太陽的雙極吸盤。太陽通過雙極吸盤，不斷將原始星雲渦軸附近的高密度物質吸入太陽體內，導致太陽不斷增大。如圖 1-2d 所示。關於太陽內部結構的形成過程詳見 4.1 節。

　　由此可見，太陽等天體的角動量來源於原始星雲渦的渦量。

1.2.2　原始星雲渦結構的扁平化

原始星雲渦結構的扁平化過程大體分為三個階段：

第一階段：兩極逐漸凹陷

　　如上所述，隨著太陽引力場的不斷增強，太陽兩極漩渦也不斷增強並向原始星雲渦的兩極延伸，很快到達原始

星雲渦的南極和北極。這時，原始星雲渦兩極上的粒子開始進入太陽吸盤，於是，在原始星雲渦兩極區域逐漸產生凹陷的渦面。如圖 1-3a 所示。

在原始星雲渦兩極形成的漩渦沿其渦軸同向轉動。從外部看，南北兩極上的漩渦分別沿逆時針和順時針旋轉；從側面看，兩極漩渦呈喇叭狀結構，如同水面上形成的漩渦。

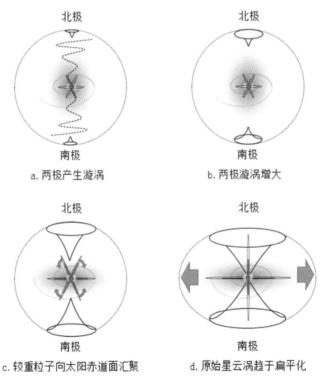

a. 两极产生漩涡

b. 两极漩涡增大

c. 较重粒子向太阳赤道面汇聚

d. 原始星云涡趋于扁平化

圖 1-3 太陽形成過程中原始星雲渦的演化

隨著原始星雲渦兩極附近的微粒不斷被太陽吸走，兩極上的漩渦面不斷擴大，渦面鄰近區域的微粒被誘導進旋渦中。於是，原始星雲渦球內更多微粒加入通往球心的大軍之中，最終進入球心成為太陽的一部分。

第二階段：粒子向太陽赤道面彙聚

　　由於太陽以更高的速度自轉，在太陽引力場的拖拽作用下，原始星雲中與太陽同向轉動的高緯度的較重粒子逐漸向太陽赤道面彙聚，導致原始星雲在太陽赤道面上的物質密度增大，如圖 1-3c 所示。這為行星的產生創造了物質條件。

第三階段：在太陽赤道面上原始星雲渦被不斷外推

　　如上所述，隨著太陽赤道面上物質密度的增大，使得星雲內部應力增強，進而導致原始星雲被不斷外推，原始星雲渦赤道半徑同步增大。於是，原始星雲渦從球狀結構，逐漸轉變為兩極凹陷面和赤道半徑不斷擴大的扁平結構，如圖 1-3d 所示。

　　由此不難看出，在自誘導機制（原始星雲渦中較重粒子不斷向渦軸彙集）、兩極漩渦物質傳輸機制（雙極吸盤），以及太陽引力作用等三方面因素的主導下，使得太陽所含物質量在太陽系中占絕對統治地位。

1.3 星雲子渦的產生與行星的產生

　　與原始星雲渦的產生原理一樣，處於太陽引力場中的原始星雲，隨著太陽引力場的不斷增強，在物質低密度區外側、太陽赤道面附近的微粒密度最大的區域，率先形成一個星雲子渦。這個星雲子渦就是水星的雛形，如圖 1-4a 所示。

　　同理，在太陽赤道面附近依次形成金星、地球直至海王星的星雲子渦。一方面，隨離開太陽的距離，星雲子渦由近及遠先後形成；另一方面，距離太陽越遠，球狀星雲子渦的半徑越大、物質密度相對越低，演化得也越慢。如圖 1-4b 所示。

北极

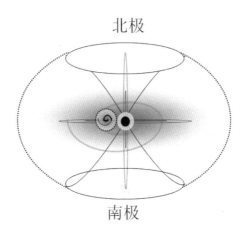

南极

a. 星云子涡的产生

行星或星云子涡运行轨道

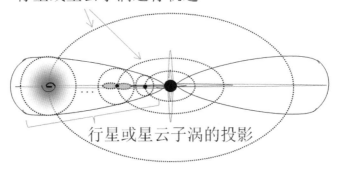

行星或星云子涡的投影

b. 行星的产生与太阳系的形成

圖 1-4 行星的產生與太陽系的形成

　　星雲子渦產生後，在自誘導運動作用下，星雲子渦不斷收縮、物質密度增大，與此同時星雲子渦在原始星雲渦中運行速度（軌道速度）逐漸降低。如圖 1-5 所示，從俯視的角度可以看到，星雲子渦將分佈在軌道上的微粒逐漸吸收的過程。

　　當然，在同一軌道先後產生兩個甚至多個星雲子渦的可能也是存在的。在這種情況下，由於多個星雲子渦的運行速度各不相同，它們會逐漸相互融合，最終在軌道上形成唯一一個星雲子渦。由此可見，在同一個軌道上不可能形成兩個行星。

　　星雲子渦完成軌道上物質的清理（吸收）後，就開始踏上了它的演化歷程，最終形成一顆行星。

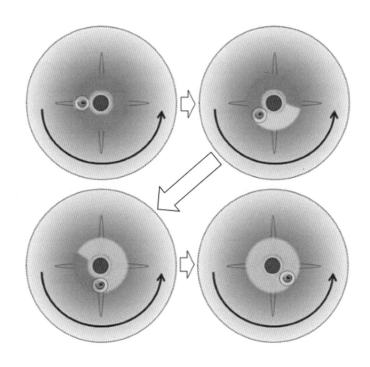

圖 1-5 星雲子渦吸收軌道微粒過程

　　隨著球狀星雲子渦的形成，加入太陽兩極渦的微粒越來越少，太陽兩極的漩渦隨之逐漸減弱，直至消失。這時，初始的太陽完全形成——太陽系形成過程的第一階段結束。隨後，太陽系的形成過程進入第二階段——行星的形成過程。

1.4 太陽系的形成與二體系統的建立

隨著太陽的完全形成，太陽系從一個原始星雲渦的多體系統，演化為由太陽引力場主導、並分別與各個星雲子渦相互作用的二體系統。與太陽形成過程一樣，各大行星及其衛星的也最終漸次形成。至此，初始的太陽系基本形成。

縱觀太陽系的形成過程可知，在太陽、行星等天體的形成過程中，渦運動起主導作用；在太陽系的結構形成中，太陽的引力場起主導作用。因此，完整描述一個恆星系的起源和形成過程，既需要渦運動理論也需要引力理論，但決定星系結構的是恆星的旋轉引力場。

從上述太陽系的形成過程，我們可以得到如下幾個結論：

（1）太陽在原始星雲渦中心產生後，隨著太陽雙極吸盤持續將其兩極上方的物質吸走，導致原始星雲渦球的兩極開始「塌陷」，並逐步擴大，這就是太陽系為近平面結構的主要原因。關於有些行星軌道面與太陽赤道面存在一定夾角的成因，參見 2.4 節和第 3 章。

（2）天體的自轉角動量和公轉運動都源於星雲渦的渦量。可見，一個天然形成的天體，它相對於母星（如地球相對太陽）必然存在自轉。否則，這個天體就不是在該位置產生和形成的。

（3）太陽系內天體產生並形成的先後順序為：太陽、行星、衛星；行星按距離太陽的遠近，由近及遠逐步產生與形成。

值得一提的是，天文觀測表明，天王星和海王星是物質密度較低的類似氣體構成的行星。從本章太陽系形成原理可知，這主要由兩個因素所致：一是，距離太陽越遠，星雲物質的平均原子量越小（較大原子量的粒子在太陽引力場的作用下大部分都到較低軌道或被太陽吸入體內），氣態物質富集，導致所形成行星的物質密度較低。

二是，距離太陽越遠，星雲子渦產生和行星形成的越晚，加之星雲密度較低，行星的形成過程會更加緩慢和漫長；甚至在那些較大原子初步形成行星後，星雲子渦的演化過程就已經基本終止，進而較輕分子構成的氣態物質成為行星的大氣，而不再進一步演化。

關於太陽和行星內部結構的形成與演化將在第 4 章討論。

1.5　奧爾特雲的成因

　　根據當時積累的彗星觀測資料，1950 年荷蘭天文學家簡‧奧爾特推斷，在太陽系的外沿有大量彗星，後來被稱為奧爾特星雲。如今，天文學家普遍認為，在太陽系的最外層包裹著厚厚的球狀雲團——奧爾特雲，它是 50 億年前形成太陽及其行星的星雲之殘餘物質。如圖 1-6 所示。

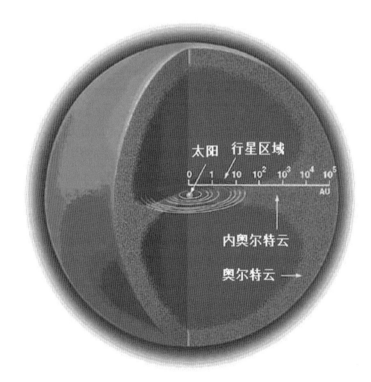

圖 1-6 奧爾特雲示意圖

根據本章太陽系的形成原理可知，一方面，在太陽系原始星雲渦形成初期，相鄰原始星雲渦之間難免殘存一些稀薄的原始星雲；另一方面，在原始星雲渦收縮過程中，最外側的一些星雲容易飄逸出去。這兩部分原始星雲成為原始星雲渦演化過程的旁觀者，而長期飄散在星際太空。

這些飄散在星際和太陽系最外層的殘餘星雲，因物質密度非常稀薄而無法進一步形成原始星雲渦。故這些殘餘星雲不可能形成彗星。可見彗星另有起源，詳見第 3 章。

另外，根據系統相對論場域原理 [5] 可知，這個在太陽系的最外層包裹著的球狀雲團就是太陽的引力場域邊界，也就是說，奧爾特雲的外面是銀河系中心黑洞的引力場域。

1.6 宇宙塵埃消失事件

2012 年 7 月 5 日，英國《自然》雜誌報導，近日科學家一直追蹤研究的一團巨大宇宙塵埃環消失了，這些可能形成類似地球的塵埃環，曾位於距離地球 450 光年的某恆星附近。天文學家檢測這個名為 TYC8241 2652 的恆星長達 25 年，直到這些發光的塵埃在兩年半的時間內逐漸消失。目前，天文望遠鏡的圖片證實了整片塵埃雲基本全部消失。

對此，科學界眾說紛紜。該科研小組的帶頭人梅裡斯（C. Melies）認為，這些塵埃消失至少有兩個途徑：塵埃粒子可能被恆星的引力場拖拽，或者它飄至外太空。美國加州大學的研究學者本·朱克曼（Zukerman）認為，「一個如此年輕的恆星附近環繞了這麼多塵埃，這暗示著某些類似於我們太陽系內地球行星的多岩石行星，正在恆星附近逐漸形成。」一些科學家進一步猜測，這些圖片可能為我們描述自身太陽系是如何形成的場景。還有些人認為，「我們並不知道這些塵埃具體從哪裡來，我們也不知道什麼導致它如此迅速的消失。」

天文學家推測這個恆星只有 1 千萬年的歷史。據此，根據本章太陽系的形成原理可知，該恆星系目前正處於恆星系形成過程第一階段的末期，即該恆星即將完全形成、行星的星雲子渦也即將完全形成。

在這個時段，該恆星系的原始星雲渦被壓縮在了恆星赤道面附近狹小空間內。在這個狹小區域內的原始星雲微粒，一方面通過恆星兩極漩渦進入恆星；另一方面，由於行星的星雲子渦較所處軌道的微粒具有較低的軌道速度，其軌道區域中的原始星雲微粒不斷被行星的星雲子渦所吸收（參見圖 1-5），從而導致原始星雲微粒快速減少。

總之，「發光塵埃的基本消失」意味著一顆行星即將誕生。

注釋：

1 極性粒子是指具有極性場（物理學上稱之為磁場）的粒子。一般，電子、質子等都是既有極性場又有中性場的粒子；通常所說的質量性質是對中性場的一種描述，電性、磁性、熱性等是對不同類型極性場的一種描述。

2 通常一個系統內某個粒子的狀態是由它所處的環境所決定的，或者說，粒子的運動狀態是與其環境相協調的一種運動，即協變運動；這種協變運動使得粒子與周圍粒子保持盡可能強的相互作用，並達到引力與斥力的平衡狀態，從而形成一個相對穩定的系統，稱作協變系統。小到一個原子，普通物體，大到天體、星系，它們都是一個協變系統。星系和星系團構成的整個宇宙是一個最大的動態的協變系統。

3 自誘導運動是渦運動的一種基本機制，水中漩渦、熱帶氣旋等的形成與加強都是自誘導運動的結果。本質上講，自誘導運動機制是一個協變系統內部粒子之間趨向更強相互作用的過程，系統相對論稱之為最大作用原理。簡言之，最大作用原理是指兩個具有充分自由度的粒子或物體之間的相互作用總是趨向最大化，這是整個宇宙中最本質的原理之一。

4 雖然現代物理學認為光具有波粒二象性，但系統相對論認為，所謂光具有波粒二象性，僅是一種限於當時科技和認識水準而被迫妥協的結果，這只是一個權宜之計，而不是一個終極答案。根據系統相對論，光的本性是粒子（參見第 12 章注釋 1），它是由 cn 粒子疊聚而成一個管狀粒子（參見附錄二），只不過它在空間中的運動具有某些波的特徵而已。

系統相對論認為，熱並非是對分子、原子微觀運動的宏觀描述（熱動說），其本質是指光子的能量（渦通量），即一個系統的熱量是指這個系統內所有光子能量之和。相應地，溫度是指光子的能量密

度。由此可見，建立在熱動說基礎之上的包括熱力學三大定律在內的熱力學理論也就值得商榷了。

5 系統相對論認為，所有粒子或物體（天體）都有它自己的場，由於外界場的存在，一個粒子或物體的場不可能無限延伸，它總是終止於與外界場強相等的位置，這個位置內的區域就是該粒子或物體的場域。

進一步講，物體之間的相互作用都是通過它們的場傳遞的，不存在共同場域邊界（即場域沒有接觸）的兩個物體之間是沒有相互作用的。可見，不受距離限制的所謂超距作用是不存在的。

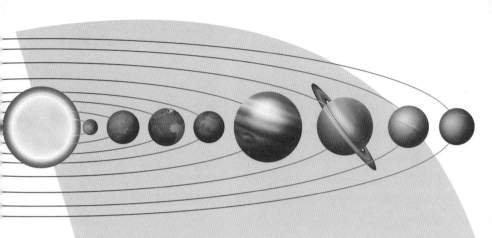

第 2 章

太陽系結構與行星狀態

第 2 章 太陽系結構與行星狀態

　　關於太陽系中行星分佈結構和行星自轉傾角的成因等問題，一直是天文學界尚待解決的課題。根據上一章太陽系形成原理，我們容易獲得這些課題的答案。

2.1 提丟斯－波得定則的起因

　　1766 年，德國天文學家提丟斯（Titius）提出，取一數列 0、3、6、12、24、48、96、192……，然後將每個數加上 4，再除以 10，就可以近似地得到以天文單位表示的各個行星同太陽的平均距離。1772 年，德國天文學家波得（J.E.Bode）進一步研究了這個問題，發表了這個定則，因而得名為提丟斯－波得定則。這個定則可以表述為：從離太陽由近到遠計算，對應於第 n 個行星，其與太陽的距離：$a_n=0.4+0.3\times2^{n-2}$（天文單位）。

　　提丟斯－波得定則提出後，有兩項發現給了它有力的支持。第一，1781 年赫歇耳（F.W.Herschel）發現了天王星，它差不多恰好處在定則所預言的軌道上。第二，提丟斯在當時就預料，在火星和木星之間距太陽 2.8 天文單位附近應該有一個天體。1801 年，義大利天文學家皮亞齊（G.Piazzi）果然在這個距離上發現了穀神星；此後，天文學家們又在這個距離附近發現許多小行星，後來稱之為小行星帶。

　　此外，有的衛星同它所屬的行星的平均距離也有與提丟斯－波得定則相類似的規律性。但該定則也有一些不足之處，如對海王星的計算值與觀測值不符，而且對水星 n

不取為 1，而取為：- ∞，也難以理解。關於提丟斯 - 波得定則的起因，雖有人提出一些解釋，但尚無定論。下面給出系統相對論的解釋。

　　從上一章可知，形成行星的星雲子渦是在太陽系原始星雲南北兩極漩渦的間隙中產生的，因此星雲子渦的半徑大小取決於所處位置兩極漩渦面之間的間隔，如圖 2-1 所示。從圖中可以看出，相鄰行星的間距約為它們的星雲子渦半徑之和。根據提丟斯 - 波得定則公式，容易推得相鄰行星的間距 L_n 為：

$$L_n = a_n - a_{n-1} = 0.3 \times 2^{n-3} \qquad （1）$$

設第 n 個行星的星雲子渦半徑為 r_n，於是有

$$r_n + r_{n-1} = 0.3 \times 2^{n-3}$$

由此推得：

$$r_n = 2r_{n-1} \qquad （2）$$

　　根據實測資料，可計算出行星的星雲子渦半徑數值，進而得出行星的理論間距 L_n』（$= r_n + r_{n-1}$），並與實際觀測間距 L_n 比較見表 1。

	子渦半徑 r_n	理論間距 $L_n'=r_n+r_{n-1}$	實測間距 L_n	間距偏差比 $(L_n'-L_n)/L_n$
水 星	0.05			
金 星	0.1	0.15	0.336	-0.55
地 球	0.2	0.3	0.277	0.08
火 星	0.4	0.6	0.524	0.15
小行星帶	0.8	1.2	1.381	-0.13
木 星	1.6	2.4	2.297	0.04
土 星	3.2	4.8	4.352	0.1
天 王 星	6.4	9.6	9.663	-0.01
海 王 星	12.8	19.2	10.892	0.76

表1（實測間距按行星軌道半長徑計算，小行星帶軌道半徑取 2.905）

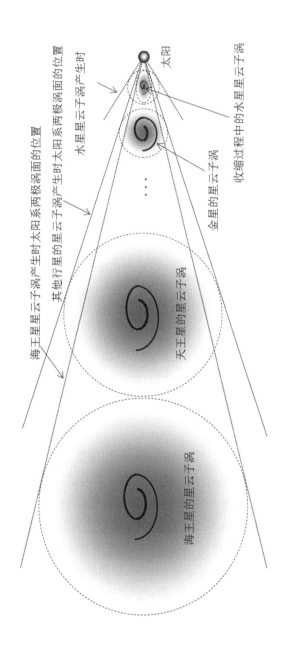

圖 2-1　太陽系行星分佈原理示意圖

從表 1 可以看出，除水星和海王星外，其他行星的間距觀測值和理論計算值基本吻合，水星與金星的計算間距較觀測值明顯偏小，海王星與天王星的計算間距較觀測值明顯偏大。實際上，通過星雲子渦半徑概念的提出，水星和海王星與提丟斯 - 波得定則不符的問題，已經轉化為水星的星雲子渦的理論半徑偏小，和海王星的星雲子渦的理論半徑偏大的問題。

水星離太陽最近，太陽的尺寸（即太陽不能視為一個質點）和渦結構特徵都是不能忽略的因素；另外，相對其他行星，水星的星雲子渦產生的最早，當時在水星的星雲子渦位置，兩極之間的漩渦面間隔還較大。因此水星的星雲子渦真實半徑較上述計算值要大得多。根據實測間距和金星的星雲子渦半徑，可得水星的星雲子渦半徑值 r_1=0.366-0.1=0.266（天文單位）。當然，這裡沒有考慮金星的星雲子渦形成也較早的因素。

對於海王星，一方面，它的星雲子渦產生的最晚，使其星雲子渦半徑相對減小；另一方面，兩極漩渦面越靠近外側越趨於平緩、甚至兩極之間的漩渦面間隔變小（參見圖 1-4b）。這導致海王星與天王星的星雲子渦半徑不再遵循公式（2）的倍率關係，甚至海王星比天王星的星雲子渦半徑更小一些。根據實測間距和天王星的星雲子渦半徑，可得海王星的星雲子渦半徑值 r_9=10.892-6.4=4.492（天

文單位）。當然，這裡沒有考慮天王星的星雲子渦也較晚形成的因素。

總之，由於行星星雲子渦是在較長時間內由近及遠逐步產生，加之兩極漩渦截面並非兩條直線而是內外兩端有明顯曲率變化的曲線，還有太陽尺寸的因素。這些因素共同導致了提丟斯 - 波得定則在內外兩側行星上的失效。關於火星與其內外相鄰行星間距偏差的問題，將在 3.3 節討論。

值得一提的是，根據系統相對論的太陽系形成原理，在小行星帶軌道位置區域，早期應形成過一顆行星，而不是現在的小行星帶。關於小行星帶的成因將在下一章討論。

2.2 行星公轉起源及其參照系設置問題

晚年的牛頓，在研究行星為什麼會圍繞太陽運轉時，由於找不到天體運行的第一推動力而返回到神學的懷抱。他認為是上帝將宇宙推了一把，使得宇宙獲得了動力。首先對牛頓的宇宙觀提出不同看法的是德國哲學家康德，他用著名的星雲假說，直接批判了牛頓的「第一推動力」。由於康德及其後繼者提出的天體起源假說都存在這樣或那樣的一些問題，至今尚未形成被科學界普遍接受的理論。

因此，這一關係到宇宙成因的第一推動力問題，至今仍困繞著整個科學界。

從上一章太陽系的形成原理可知，我們現在觀測到的行星公轉速度，是由其星雲子渦產生之初的相應位置原始星雲的渦運動速度一步一步演化而來的。換言之，行星的公轉運動源於形成太陽系的原始星雲的渦運動。可見，原始星雲的渦運動才是所謂的「第一推動力」。

在太陽產生之前，受銀河系中心黑洞引力場作用所形成的太陽系原始星雲渦，其渦運動狀態是以黑洞為參照系來描述的，其圍繞黑洞運行的速度是以黑洞引力場（考慮黑洞的自轉）為參照系來描述的。然而，在太陽產生、尤其在太陽引力場作用下產生星雲子渦之後，這時，星雲子渦及其後來演化成的行星處於太陽引力場之中（即不再處於黑洞引力場之中），它們渦運動狀態應以太陽為參照系來描述，它們圍繞太陽運行的速度應以太陽引力場（即必須考慮太陽的自轉）為參照系來描述。

由此看來，我們通常講的行星公轉速度數值（如地球公轉速度為 29.8km/s）都是不正確的。實際上，在上世紀後期人們已經發現，宇宙微波背景輻射具有偶極異性。1977 年，美國科學家斯穆特（G.Smoot）在《宇宙微波背景輻射的黑體形式和各向異性》一文中指出：「我們已

經發現了宇宙黑體輻射各向異性，觀察結果很容易被解釋為：地球相對於宇宙微波背景輻射運動速度為 390±60 千米／秒。」而這個速度值跟以太陽為參照系計算出的地球公轉速度 345 千米／秒是吻合的。這也是對系統相對論穩態運動方程 [1] 的一個有力證明。

當然，上述地球公轉速度 345 千米／秒是根據太陽自轉的恆星週期 25.38 天計算得出的，這個週期相當於太陽在緯度 26°的自轉週期。根據維琪百科提供的資料，太陽在赤道處的自轉週期是 24.47 天，根據這個資料計算出的地球公轉速度約為 413 千米／秒。另外，計算中沒有考慮太陽赤道對黃道傾角 7.25°、也沒有考慮太陽內部物質的渦運動，而且計算採用的是地球公轉軌道的半長徑。

令人遺憾的是，當前人們對新實驗事實所持的漠然態度和對舊理論所持的無條件信任，實際上已經阻礙了科學的進步。人們對微波背景輻射的觀測主要是用來考查宇宙大爆炸學說中物質分佈的均勻程度，而對在地球運動方向上出現的千分之一的溫度差異這一事實卻不予理睬。[2]

總之，一直以來我們在天體和宇宙觀測中對參照系的選擇是存在問題的，進而已經將天文學和宇宙學引入歧途。這正是當前天文學和宇宙學陷入困境的根源之一。因此，我們描述天體運行規律的萬有引力定律和廣義相對論必須

進行參照系的修正。當然光這樣還遠遠不夠（詳見第10章）。

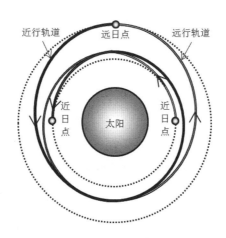

a. 以太阳为参照系水星的运动轨迹

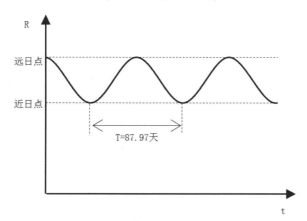

b. 水星在其近日点和远日点之间的摆动

圖 2-2 以太陽為參照系水星的運動特徵

2.3 水星進動與水內行星問題

　　十九世紀中葉，已測得水星近日點的進動，這種現象在當時從理論上還無法解釋。後來由於受到發現海王星的啟發，法國天文學家勒威耶（Urbain Le Verrier）設想，在水星內側還存在一個行星，這個未知行星對水星的攝動，引起了每世紀 43″的近日點進動。這個假說曾為許多人所贊同。如果存在水內行星，它必然非常靠近太陽，從地球上看，它和太陽同起同落，所以平時無法觀測到它，唯有在日全食時，才有希望發現。可是，多少次日全食的觀測都未找到水內行星。

2.3.1 水星進動問題

　　二十世紀初，隨著愛因斯坦廣義相對論的創立，人們開始認識到，引力不僅與物體的質量因數有關，而且也與物體的自轉快慢有關。即兩個沒有自轉的物體之間的引力與它們自轉起來之後的引力是不同的[3]。這一效應會引起自轉軸的進動，行星在運動過程中，它的自轉軸會慢慢變化。從而解釋了水星近日點進動問題，而且其觀測值與理論值之間符合得較好。

　　系統相對論認為，由於水星在太陽的引力場中運動，

因此應以太陽為參照觀測水星的運動規律。以系外恆星為參照系時，水星公轉一圈需要 87.9 天；當以太陽為參照系時，在 87.9 天的時間裡水星圍繞太陽公轉了約 2.5 圈，如圖 2-2 所示。換言之，水星的相鄰兩次的近日點位於太陽對稱的兩側。可見，水星（乃至其它行星）進動的概念是值得商榷的。

如果從距離太陽遠近的角度觀察水星的運動，容易看出，水星在圍繞太陽轉動的同時，在近日點和遠日點之間的軌道區間中做週期擺動，如圖 2-2b 所示。可見，所謂行星圍繞太陽做橢圓軌道運動的觀念也是值得商榷的。

2.3.2 水內行星問題

有了廣義相對論的解釋，似乎可以說，不會存在像水星那樣大小的水內行星了。可是，多年來，人們還是不願放棄在日全食時尋覓未知行星的絕好機會。1970 年 3 月 7 日在墨西哥和 1973 年 6 月 30 日在非洲發生日全食時，有些觀測者曾發出了已觀測到水內行星的通報，但沒有得到證實。

水星和太陽之間的區域寬度約為 0.3 天文單位，一方面，根據系統相對論引力場域作用性質劃分模型（參見 10.4 節），靠近太陽的一側是行星的靜止引力區，半徑約

為 0.04 天文單位；另一方面，根據 2.1 節討論，水星的星雲子渦半徑估算為 0.15 天文單位。扣除掉這兩個區域後，剩餘的區域寬度約為 0.11 天文單位。如果水內行星與水星相當，那麼它的星雲子渦直徑應不低於 0.2 天文單位。

顯然，寬度為 0.11 天文單位區域是無法容納下這樣一顆水內行星的。因此，尋找水內行星的努力不會有收穫。

2.4 行星自轉傾角的成因

從上一章太陽系的形成原理可知，在各行星星雲子渦形成的初期，所有星雲子渦的赤道面與其軌道面是基本一致的。換言之，這時行星的自轉傾角為零。

如圖 2-3 所示，在行星的星雲子渦完全形成後，隨著星雲子渦中心原始行星的產生，如 1.2.2 節所述，行星引力場誘導星雲物質向行星赤道面彙集，導致星雲物質被外推而半徑增大。相鄰星雲子渦在赤道面位置相互靠近進而接觸，於是發生相互作用，導致星雲子渦的渦軸被迫偏轉，即產生方向一致的傾角。這就是地球、火星、土星具有相近傾角的原因。

2.4.1 水星和金星自轉傾角成因

與上述行星的傾角相比，水星傾角非常小而金星幾乎反向自轉。它們傾角異常的原因解釋如下：

由於水星距離太陽最近，它的星雲子渦形成的最早、行星的形成過程也最快，它的星雲子渦半徑增大的也就較快，因此與金星之間產生較強的週期相互作用，導致它們產生了慣性轉動（傾角不斷增大）。由於這時的金星星雲子渦的內核（即行星的雛形）小於水星，因此金星比水星傾動的要快一些。

如圖 2-4 所示，當金星轉過 90 度後，與水星在其傾角小於 90 度處，它們的子渦再次相遇。於是，金星的傾角轉動慢慢減速，同時推動水星反向慢慢轉動，最終金星停在幾乎反轉的位置上，水星回到了（幾乎）原來的初始方位。

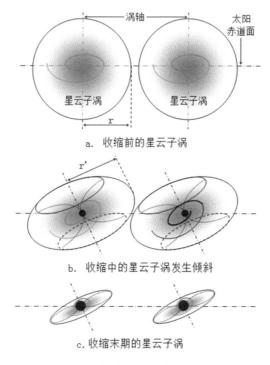

圖 2-3 行星形成過程中自轉軸傾斜原理

2.4.2 天王星自轉傾角成因

對於天王星具有 97 度的傾角，主要是早期與海王星的星雲子渦之間相互作用的結果。

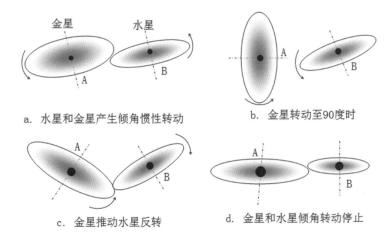

圖 2-4　金星和水星自轉傾角成因示意圖

　　如圖 2-5 所示，天王星和海王星的星雲子渦相互作用而發生傾角轉動後，由於海王星的總物質量大於天王星，使得天王星比海王星轉動得快一些。天王星轉過 90 度後，再次與海王星的星雲子渦相遇而最終停了下來。於是，天王星的自轉傾角大於 90 度。

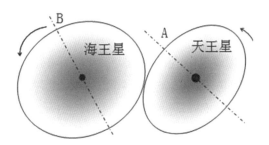

a. 天王星和海王星产生倾角惯性转动

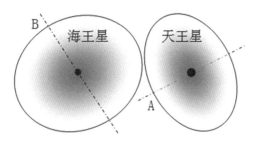

b. 天王星转动至97.86度的停止位

圖 2-5 天王星自轉傾角成因示意圖

　　另外，木星自轉傾角很小是由它的物質量很大所決定的。當然，關於行星傾角的成因，還受到其他諸多因素的影響，比如第 3 章所述。

2.5 行星內部的渦運動及其自轉效應

行星自轉角動量源於行星形成初期星雲子渦的渦運動，其他天體也不例外。多數天體的內部都是流體態物質，具有較表面更快的角速度（參見圖 4-1），因此一個天體的真實角動量，比其表面自轉顯示的角動量要高一些。

以地球引力場為例，地球源於太陽系中的一個星雲子渦，地球的渦運動表現為向東的自轉，地球內部的渦運動比地表要強一些。換言之，地球內部物質以更高的轉速 ω_i 向東自轉，即 $\omega_i > \omega_o$。

由此可知，整個地球的平均轉速 ω 比地表轉速 ω_o 要高一些，即 $\omega > \omega_o$。可見，地球的整個引力場相對地表緩慢向東轉動，這個轉速 ω_{gf} 為：

$$\omega_{gf} = \omega - \omega_o > 0 \qquad (3)$$

如果相對地面靜止的物體從高空自由下落，那麼，物體在相對地表緩慢東移的地球引力場的拖拽作用下，而落在靜止投影點的東側，稱之為靜止點東移效應，即所謂的自轉效應。

高空中的靜止物體離地面越高，物體下落過程中受到地球引力場拖拽作用的持續時間就越長，即地球的靜止點東移效應越強，落地點越偏向東側。由此我們可以得到「先驅者號軌道異常」的原因，即先驅者號航天器受到太陽引力場持續的拖拽作用而導致運行軌道發生偏離。

實際上，地球磁場[4]就是地球內部流體渦運動的結果。地球磁軸與地殼自轉軸並不重疊的事實表明，地殼自轉軸與地內流體渦軸存在一個夾角。關於這個夾角的成因，詳見下一章。

正是因為地球存在自轉效應，所以飛行器向東飛行比向西飛行更容易、在南北半球的中緯度地區形成的是西風帶而不是東風帶；同理，由於緯度越高自轉效應越弱，故北半球的熱帶風暴逆時針旋轉而南半球的熱帶風暴順時針旋轉。

值得一提的是，傅科擺的轉動是地球內部相對地殼的運動引起的，人們普遍認為「傅科擺證明了地球自轉」的觀念是錯誤的（相關討論見 10.3 節）。

注釋：

1 穩態運動方程是根據中性場的引力性質（物理學上稱作了引力場）和斥力性質（物理學上稱作了暗能量）匯出的，包括分別適用於靜止引力區和靜止斥力區的兩個方程。太陽系的八大行星均位於太陽引力場（即中性場）的靜止斥力區，從靜止斥力區穩態運動方程，簡化後可得出，行星在太陽引力場的運動速度與其軌道半徑基本成正比關係，這與我們實際觀測資料作參照系變換後得到的結果是完全一致的。

2 這是摘自美籍華人張操教授在其所著《物理時空理論探討——超越相對論的嘗試》（上海科學技術文獻出版社 2011）一書 53 頁中的一段話。

3「引力與物體的自轉有關」這句話是不準確的。嚴格地說，物體內的渦運動對其引力有影響。以地球為例，由於地球內部存在相對表面的渦運動，導致整個地球的引力場相對地表緩慢東移。因此，地球引力場是一個存在相對運動速率的動態引力場。這種動態性導致與物體中性場之間的耦合率降低，即引力減小。

4 地球內部渦運動的物質是一種流體，流體的高速運動使得流體中相鄰粒子之間處於高度協變狀態，進而形成高度有序的排列結構。跟永磁體中因分子有序排列而產生的磁場一樣，這種有序排列原子（分子）的原子核的極性場相互耦合而不斷延展，溢出地殼而形成地球磁場。

第 3 章

行星大碰撞猜想

第 3 章 行星大碰撞猜想

對太陽系的研究一直是天文學界的重要領域。除了太陽系起源以及八大行星之外，人們也更關注一些細節，如小行星帶、柯伊伯帶、小行星、彗星等，關於它們的成因提出了多種學說，也還一直在爭論。一個普遍的觀點是：目前已經演化了 50 億年的太陽系，與原初形成的太陽系的本來面目已經存在很大不同，這大大增加了研究的難度。

3.1 太陽系現狀及其研究進展

天文學研究得出如圖 3-1 所示的太陽系結構模型：太陽處於整個太陽系的中心，八大行星圍繞太陽運行，在火星和木星軌道之間有一個小行星帶，在海王星軌道外側有一個柯伊伯帶，太陽系最外側是球狀的奧爾特雲。

小行星帶是太陽系內介於火星和木星軌道之間的小行星密集區域，它是提丟斯的預測，義大利天文學家皮亞齊於 1801 年在這個區域率先發現第一顆小行星——穀神星。隨後更多小星星不斷被發現。

關於小行星帶的起源問題，現代天文學主流觀點認為，小行星帶由原始太陽星雲中的一群星子形成，但是因為木星的重力影響，阻礙了這些星子進一步形成行星，造成許多星子相互碰撞，並形成許多殘骸和碎片。

柯伊伯帶是太陽系在海王星軌道外黃道面附近、天體密集的中空圓盤狀區域。柯伊伯帶的假說最初是由愛爾蘭裔天文學家艾吉沃斯提出，傑拉德·柯伊伯發展了該觀點。柯伊伯帶被認為包含許多微星，它們是來自環繞著太陽的原行星盤碎片，因為未能成功地結合成行星，因而形成較小的天體，最大的直徑都小於 3000 公里。

今天，柯伊伯帶的複雜結構和精確的起源仍是待解之謎，因此天文學家在等待泛星計畫（Pan-STARRS）望遠鏡巡天的結果，以期對它有更多的瞭解。

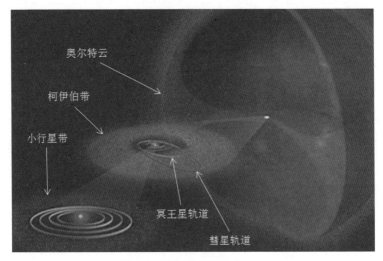

圖 3-1 太陽系結構組成

冥王星於 1930 年 2 月由克萊德‧湯博根據美國天文學家洛韋爾的計算發現。它曾經被視為太陽系九大行星之一，與太陽平均距離 59 億千米。在 2006 年 8 月國際天文學聯合會大會上，冥王星被定義為太陽系的「矮行星」，不再作為大行星來看待。

由於冥王星距離我們太遙遠，現在對它還知之甚少。探測冥王星的「新地平線」號飛船已經於 2015 年 7 月 14

日到達，科學家正在對其傳回的照片和資料資料進行分析研究，即將揭開這顆存在於柯伊伯帶的天體的神秘面紗。

彗星是進入太陽系內亮度和形狀會隨日距變化而變化的繞日運動的天體，彗星物質蒸發，在冰核周圍形成朦朧的彗髮和一條稀薄物質流構成的彗尾。

關於彗星的起源存在多種觀點：有人提出，在太陽系週邊有一個特大彗星區——奧爾特雲，那裡約有 1000 億顆彗星；也有人認為，彗星是在木星或其它行星附近形成的；還有人認為，彗星是在太陽系柯伊伯帶形成的；甚至有人認為彗星是太陽系外的來客。直到今天，彗星的起源仍是個未解之謎。

3.2 行星大碰撞猜想

在整個太陽系的結構組成中，對於太陽、八大行星和奧爾特雲的起源或成因，我們在第 1 章已經討論了，接下來我們討論小行星帶、柯伊伯帶、冥王星和彗星等的起源問題。

毫無疑問，根據提丟斯 - 波得定則和第 1 章太陽系形成原理，在小行星帶軌道位置應為一顆大行星，而不是現

在佈滿整個軌道的無數小行星。由此一個顯而易見的推論是：小行星帶源於這顆大行星。於是，我們得到一個猜想：早期在小行星帶軌道上形成的那顆大行星，後來與系外入侵的天體發生了大碰撞，如圖 3-2 所示。

系統相對論推測，這次史無前例的行星大碰撞發生後，兩個天體碎裂成無數的大小不等的碎塊，瞬間在太陽系中擴散開來。於是，導致了如下一系列後果：

後果 1：形成小行星帶

留在該運行軌道的碎塊，以及在太陽引力場的拖拽作用下大偏心率運行的碎塊與該軌道殘留碎塊的反覆多次碰撞，逐漸形成目前的小行星帶。如圖 3-2 所示。

行星大碰撞　　　　　碰撞產生无数碎块　　　　碰撞碎块形成小行星带

圖 3-2　小行星帶形成原理

圖 3-3 　行星大碰撞形成了柯伊伯帶、土星光環、彗星和冥王星

後果 2：形成柯伊伯帶

在太陽和行星引力場的作用下，一方面，向系外擴散的一些碎塊，在海王星軌道外側區域圍繞太陽運行；另外，還有一些碎塊其運行軌道的遠日點位於這個區域。所有這些碎塊共同構成了柯伊伯帶。如圖 3-3 所示。

後果 3：形成木星、土星的光環及其部分衛星

還有大量碎塊被木星、土星所俘獲，或者碎塊與木星和土星的衛星發生二次碰撞後，形成了木星和土星的光環或衛星，如圖 3-3 所示。根據第 1 章太陽系的形成原理，

可能來源於行星大碰撞的衛星具有如下特徵：沒有自轉、或大偏心軌道運行、或形狀不規則等。

值得一提的是，土星光環中的黑帶是土星的一顆衛星的運行軌道，正是這顆衛星吸收了軌道上的碎塊，而看上去像一條黑帶。

後果 4：形成彗星

一部分碎塊在太陽系內圍繞太陽大偏心率運行，成為了彗星，如圖 3-3 所示。需要說明的是，太陽釋放出的大量水蒸汽，以微冰晶的形態充滿整個太陽系，彗星在漫長的週期運動中，吸收了其運行軌道上的冰晶，並在其表面形成厚厚的冰層。

當包裹冰層的彗星逐步靠近太陽時，太陽引力場強不斷增強，彗星的引力場域不斷減小；當彗星表面引力場強與外面的太陽引力場強相等時，彗星的引力場消失了，彗星表面裸露在太陽引力場中。於是，在太陽引力場作用下，彗星表面的冰晶開始「蒸發」，形成壯觀的彗髮和彗尾。

後果 5：形成冥王星

行星大碰撞後的一個殘核向太陽系外側飛去，受到太陽和沿途行星尤其海王星引力場的作用，最終圍繞太陽在

較大偏心軌道上運行，這就是冥王星。

接下來，我們著重討論這次行星大碰撞對火星和地球的影響，以及大碰撞後的另一個殘核的去向。

3.3 大碰撞對火星的影響

火星是距離行星大碰撞軌道最近的行星，當然這次大碰撞會對火星帶來重大影響，並留下大碰撞事件發生的諸多證據。系統相對論推測，這次大碰撞事件對火星的影響至少涉及如下幾個方面：

1. 形成火星的衛星

從火衛一和火衛二體積小、形狀不規則的特徵，可以認定它們不是火星的天然衛星。系統相對論推測，這兩顆衛星是火星俘獲行星大碰撞碎塊後所形成。另外，從火星奧爾庫斯隕坑（如圖 3-4 所示）可推知，行星大碰撞碎塊在成為衛星前，先與火星發生了傾斜碰撞。

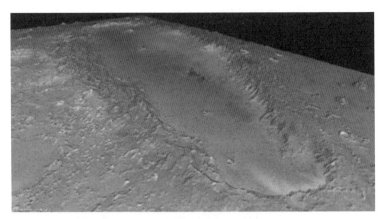

圖 3-4 火星奧爾庫斯隕坑

　　值得一提的是，根據系統相對論衛星靜止軌道半徑公式計算可知，火衛一處於靜止軌道內側，即位於火星引力場的靜止引力區。因此，正如天文所觀測，火衛一軌道半徑在逐漸變小，最終它將撞到火星表面。但在撞向火星表面過程中，不存在形成火星環的可能，因為穩定的星環只能位於靜止斥力區。

2. 形成大量隕石坑

　　毫無疑問，行星大碰撞後會給它最近的鄰居火星帶來一場隕石雨，並在火星表面形成大量隕石坑，如圖 3-5 所示。

　　令人不解的是，天文學界把一些隕石坑認定為火山

坑，進而推測，30 多億年前，火星可能曾發生大規模火山噴發，火山灰和岩漿湧出地面，留下諸多痕跡。

圖 3-5 火星表面隕石坑

如 4.2 節所述，行星具有最小的成長半徑 Rpg，小於這個半徑值的行星，在形成之後逐漸冷卻，最後成為一顆死亡的行星。如果說火星「火山」已經有 30 多億年沒有再噴發過，那麼這足以說明火星內部是沉寂的。由此可以斷定，火星半徑 3397 公里是小於行星最小成長半徑 Rpg 的。因此，火星和水星 (半徑為 2440 公里) 都屬於「死亡」行星，當然它們也就不可能發生過火山活動。

大型隕石的撞擊能量無疑是巨大的，會導致岩石熔化形成岩漿、四處流淌，也會導致周邊隆起，形成環形山。如果這些「火山」真得在 30 多億年前「噴發」過，那麼可以斷定，行星大碰撞是在 30 多億年前發生的。

3. 對火星運行軌道的影響

通過考查火星及其鄰近行星的運行軌道資料，系統相對論推測，行星大碰撞對火星運行軌道的影響主要體現在軌道半徑和偏心率兩個方面。

從 2.1 節表 1 可知，火星與地球的間距比理論值偏小了，而在另一側，火星與小行星帶的間距比理論值偏大了。顯然這兩個偏差是存在直接關聯的，即都是因火星軌道半徑減少引起。

從 10.4 節可知，太陽系八大行星均位於太陽引力場域的靜止斥力區，因此隨時間推移，火星的運行軌道半徑應該是趨於增大而不是減小。因此，火星軌道半徑減少的一個合理解釋就是受行星大碰撞間接影響所致。

另一方面，比較火星（9.3%）、地球（1.7%）和金星（0.7%）的軌道離心率可以發現，火星的離心率是明顯偏大的。實際上，火星在遭受行星大碰撞碎片撞擊的過程中，火星軌道減小的同時，火星軌道的離心率也會相應增大一些。

3.4 大碰撞對地球的影響

　　關於地球板塊漂移學說、地磁研究以及月球的由來等一直備受矚目。然而，是什麼機制觸發了原始大陸的分裂、地磁偏角如何產生等，卻一直存在爭論。

　　根據系統相對論的太陽系形成原理，地球自轉軸與地磁軸應是一致的。據此系統相對論認為，地球自轉軸與地磁軸出現夾角應是災變所致。根據 3.2 節行星大碰撞的討論，系統相對論推測，行星大碰撞後的另一個殘核與地球發生了碰撞——地球大碰撞（如圖 3-6 所示），並引發一系列後果：

圖 3-6　地球大碰撞

1. 形成月球衛星

關於月球的由來，存在天然形成說、分裂說（從地球分裂出來）、俘獲說（地球俘獲現成的天體）、同源說（地球和月球都是在最原始的吸積盤裡形成）以及碰撞說（外來天體與地球相撞後，爆炸物質在環繞地球軌道聚集形成月球）等觀點。

系統相對論推測，行星大碰撞的一個殘核與地球發生斜撞後飛出，最終被地球所捕獲，而成為地球的一顆衛星──月球。在月球圍繞地球運行過程中，這次碰撞產生的大量碎片逐漸被月球清理（吸收），大量碎片對月球的撞擊形成了月球表面不計其數的所謂隕石坑。

2. 原始大陸碎裂成若干板塊

在地球形成之初，地球還是一個熔融的液態球，由於其內部自循環系統（見 4.2 節）產生的能量，不足以抵消表面對外的輻射能，於是地球開始逐漸冷卻，最終地表凝固成厚厚的一個整體的原始地殼。

原始地殼更像是雞蛋的那層外殼，隨著地球大碰撞的發生，完整的「蛋殼」被撞碎。於是，原始地殼碎裂形成若干大陸板塊。這為後來的大陸漂移提供了可能，進而為地震的發生創造了先決條件。

3. 導致自轉軸與磁軸的偏離

這次劇烈的地球大碰撞，還影響了地殼自轉週期、自轉軸方向以及運行軌道的偏離，導致地殼自轉軸與地內流體態物質渦軸產生夾角，即地磁偏角。

4. 形成部分近地小行星和流星

另外，部分碰撞碎片成為近地小行星和流星的一部分。

綜上所述，太陽系經過這次行星大碰撞的洗禮後，運行或穿行於行星軌道的大部分碎片也逐漸被清理（墜入行星或太陽），太陽系漸漸回復了往日的平靜，又經歷 30 多億年的滄桑歲月，最終形成太陽系現在的模樣。

總之，有足夠的證據表明，行星大碰撞的確發生了。雖然上述討論對這次大碰撞事件的「現場復原」是粗糙的、不準確甚至存在錯誤（畢竟大碰撞現場早已淹沒在太陽系 30 多億年的歷史塵埃中），但這不可能成為否定事件發生的事實。因此，我們在對太陽系的研究中，如果不充分考慮這個事件的影響，都將會把我們帶向錯誤的研究方向。

第4章

太陽系的演化

第 4 章 太陽系的演化

　　前三章討論了太陽系的起源與現狀成因，本章主要介紹行星和太陽內部結構的形成過程及其內部運行機制，以及太陽系的演化和近日行星的歸宿。

4.1 天體內部結構的形成過程

以太陽為例，如 1.2 節所述，隨著原始星雲渦內部溫度壓力的持續增大，氫和氦開始液化，並在原始星雲渦的中心形成一個高速旋轉（渦運動）的液態球體，這就是太陽的最早雛形。

太陽從一個小液球到完全形成，其內部結構演化大體經歷了如下四個階段：

第一階段：開始熱核反應

隨著太陽的持續增大，液態球內部的溫度壓力也持續升高，氫和氦場域半徑逐漸減小，最終導致氫和氦及其它們之間發生熱核反應（核聚變），逐漸形成各種較重的原子核。熱核反應所釋放的能量，一方面進一步加劇了熱核反應，另一方面，將液態球加熱成更加炙熱耀眼的沸騰的火球。

第二階段：較重原子、分子產生

由於液態球內部的渦運動比表面更強，在液態球內部生成的較重原子核被向外甩移。較重原子核在向外移動的過程中，其外界溫度壓力同步減小，於是原子核的場域半

徑逐漸增大，進而形成原子和分子。

第三階段：形成物質的層理分佈和建立自循環系統

　　隨著原始星雲渦中物質源源不斷的加入，太陽逐漸增大，並逐漸形成物質的層理分佈，由外到內依次為：重原子、輕原子、質子、電子等。當太陽半徑增大到 Rpg（見 4.2 節）時，在太陽的中心開始產生光子氣區（參見圖 4-1）。隨著光子氣區逐步增大，太陽內的自循環系統開始建立。關於自循環系統的運行機制詳見 4.2.2 節。

第四階段：自循環系統接管了太陽演化的主導權

　　自循環系統建立後，隨著原始星雲渦中物質源源不斷的加入，太陽內部的熱核反應開始從完全依賴原始星雲渦提供反應條件和原料，逐步向自循環系統提供轉化。當太陽完全形成後，太陽內部的各級熱核反應開始由其內部自循環系統完全主導。這時，太陽已經成為一個可持續發光的大火球。

　　與太陽不同，行星到形成後期（這時半徑大於 Rpg 的行星自循環系統已經建立起來），隨著星雲子渦的逐步減弱，位於中心的液態球的表面開始冷卻。到行星完全形成前後，其表面逐漸凝固，形成厚厚的固體殼層。

4.2 地球結構模型與演化機制

　　根據第 1 章太陽系形成原理，在天體形成之後，對質量很大的天體（一般為恆星），從內到外均為流體態，而保持旋轉狀態並不斷繼續演化，稱作恆星的成殼過程；對於質量較小的天體（如火星和水星），從內到外均為固態，而不再進一步演化；介於上述兩者之間的天體（一般為較大行星），它具有固態的表面和流體態的內核，能夠不斷成長，稱作行星的熔殼過程。

　　對於能夠持續成長的行星，它具有一個最小的半徑 Rpg，小於這個半徑的行星將無法成長，因此 Rpg 又稱行星的成長半徑。下面我們以地球為例，討論行星的成長過程——行星的熔殼原理。

4.2.1 地球結構模型

　　一直以來，人們普遍認為地球由太陽系原始星雲物質吸積而成，吸積物質的引力勢能轉化為熱能（吸積能）、以及放射性元素的衰變能（放射能）共同構成地球最初的地熱能。據此推理，由於地震、火山噴發以及數不清的海底黑煙囪（又稱海底熱泉）等持續不斷地釋放著地熱能，地熱能應不斷減少，地殼層應不斷增厚，進而地震、火山

噴發等應不斷減弱。然而，事實並非如此，相反地球活動似乎顯示出增強的趨勢。

那麼，地熱能的產生機理到底是什麼呢？

根據系統相對論的原子核「長毛」原理[1]，每個原子都是一個「光子加工廠」。而光子的能量就是我們通常講的熱能，故每個原子都是一台微型的「能源工廠」。但是在地表環境下，大多數原子（不包括放射性元素）都處於穩態，而幾乎不輻射光子。也就是說，這時這些原子都處於「休眠」狀態。

換言之，在地表環境下，大多數原子和物體通常不具有自激發機制。但在地球內部存在著核聚變（即熱核反應）和化合反應，使原子核處於激發態，系統相對論將這個區域稱作地球的自激發區。如圖 4-1 所示。

在地球的自激發區不斷產生出大量光子，其中少數光子穿出地殼進入太空，大多數光子留在體內和彙聚到地球中心。隨著地球中心光子濃度（即溫度）不斷增大，光子凝聚成中微子、電子、質子等各種穩定或不穩定[2]的單粒子，這個區域稱作單粒子生成區，又叫光聚變區（這個區域的粒子以等離子態為主）；在自激發區內側部分，質子和電子不斷凝聚成各種原子核、原子，這個區域又稱作核

聚變區；在自激發區外側部分，不同原子相互化合形成各種分子，故這個區域稱作原子化合區，又叫核化合區。可見，自激發區與光聚變區共同構成一個自循環系統，這個自循環系統不斷輸出能量（光子）和各種物質。

可見，系統相對論的地球模型是空心的，與天文學上的鐵核模型是完全不同的。

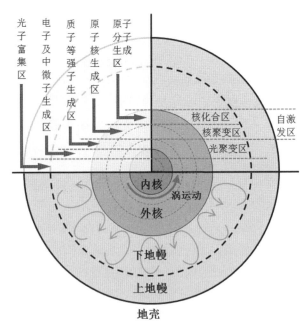

圖 4-1 地球結構模型

4.2.2 自循環系統運行原理

由自激發區與光聚變區共同構成的自循環系統的運行原理如圖 4-2 所示。

在地球內部，核聚變區和核化合區源源不斷地釋放出光子，使得地球中心光子氣的密度不斷上升。隨著光子氣密度的增大，光子間距不斷減小，於是光子開始發生凝聚，生成了中微子、電子、質子等各種穩定和不穩定的單粒子。生成的這些單粒子比光子具有更高的物質密度，隨著光子氣高速的渦運動，這些單粒子被甩出而向外層不斷擴散。值得一提的是，在向外層擴散的過程中，那些不穩定粒子又衰變為電子、中微子和光子。

質子擴散到核聚變區後，由於外界空間密度（或場強）降低，質子有了一定的場域半徑。根據原子核長毛原理，質子表面生成各種光子並吸附在質子表面。隨著源源不斷的質子擴散到核聚變區，使得該區域質子密度增大，導致質子相互凝聚（即所謂熱核反應）形成各種原子核，同時釋放出大量光子。這些原子核比質子更重，隨著該區域的高速渦運動，這些原子核被甩出而向外層不斷擴散。

原子核擴散到核化合區後，由於外界空間密度進一步降低和原子核具有更大的場強衰減步長[3]（即粒子半徑），

原子核有了更大的場域半徑。這時在該區域游離的電子不斷被原子核俘獲直至飽和，形成原子。隨著源源不斷的原子核擴散到核化合區，使得該區域原子核密度增大，導致原子核相互吸聚（即所謂化合反應）形成各種分子，同時釋放原子核表面的一些光子。生成的各種分子隨著下地幔的對流，不斷輸運到上地幔平流層。

綜上所述，自循環系統的持續運行，不斷將構成真空的爽子（參見 12.1.2 節）轉化為光子和各種物質，進而推動著地球的演化。

4.2.3 地球的演化

由於下地幔內外兩側溫差較大而成為一個對流層。自激發區生成的各種原子和分子不斷向下地幔擴散，並隨對流層環流到達平流層的上地幔。在浮力作用下，那些較輕的元素浮到平流層的上面，並在地殼內側的凹槽中形成聚集。

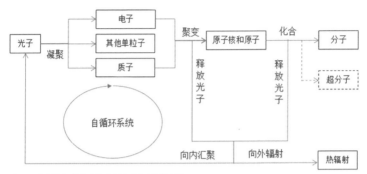

注：圖中虛線部分為太陽黑子產生與形成過程

圖 4-2　自循環系統運行原理

隨著地殼不同板塊間的相對運動，聚集在凹槽中的輕質元素進入地殼中。在地殼擠壓等複雜作用下，這些輕質元素不斷聚合成各種高分子，最終形成了煤炭、石油、天然氣等各種能源物質。

值得一提的是，隨著地殼板塊運動，一些地表的動植物也會進入地殼中，並混雜進那些源於地內的巨量輕質元素中，共同形成了煤炭或石油等物質。可見，煤炭源於地表植物的觀念是錯誤的。

上地幔的熱量不斷輻射到地殼中，使上地幔物質變成濃稠的平流層。隨著對流層源源不斷地將自激發區產生的物質輸運到平流層，平流層也不斷增厚，地球內部壓力不

斷增大。最終導致地殼運動而發生地震、或從地殼縫隙薄
弱處噴出形成火山噴發,從而將地內生成的能量(即各種
光子)和各種物質釋放出來。

由此,我們可以得到一個預言:隨著地球的不斷成長,
地殼厚度會不斷變薄,地表溫度會不斷上升,最終地殼層
會完全熔化,向外發出紅光,而成為一顆恆星。

這個預言會成真嗎?詳見 4.4 節。

4.3 太陽結構模型與太陽黑子成因

恆星的來源有兩個方向,一是由原始星雲渦直接形
成,二是由行星成長形成(如某些孤立恆星)。由行星成
長形成的恆星具有最小的半徑 Rs,它既是行星的最大半徑
邊界又是恆星的最小半徑邊界。由原始星雲直接形成的恆
星,其半徑一般都大於 Rs。下面以太陽為例來討論。

太陽內部結構如圖 4-3 所示。和地球一樣,太陽內部
的自激發區和光子電子氣區共同構成了一個自循環系統。
自激發區釋放出的大量光子,一部分進入內部參與自循環,
一部分透過對流區輻射出去,形成太陽的輻射能。

根據自循環系統運行原理（見圖4-2），參與核聚變（熱核反應）的質子（氫）是不斷產生出來的，而且隨著太陽的成長，這種產生機制會越來越強。因此，「隨著熱核反應的持續進行太陽體內的氫會越來越少」的觀念是錯誤的。

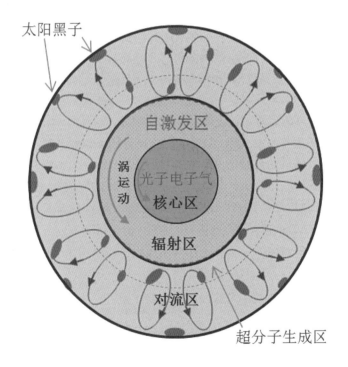

圖4-3 太陽結構模型

隨著自循環系統不斷生成各種物質，太陽半徑也同步增大，太陽自激發區外側的溫度不斷增高、壓力不斷增大，使該區域流體態原子的場域半徑越來越小，最終原子核之間通過直接相互作用連接在一起形成分子，更多的原子通過這種方式凝聚在一起，形成一個立體結構的超級分子晶體，稱作超分子體[4]。

根據我們對太陽黑子的觀測資料，系統相對論推測，太陽黑子就是在太陽內部自激發區的外側形成的超分子體。這些超分子體在液態物質環流的推動下到達太陽表面後，它們阻斷了下面的對流向上加熱表面，這就是我們觀察到的太陽黑子；由於這些超分子體中部較厚邊沿較薄，而呈現為中央很黑的「本影」和外側較暗的「半影」；當超分子體漂移到環流推力較弱的區域時，超分子體又沉入太陽體內，這時太陽黑子也就消失了。

由此可見，關於太陽黑子的成因，目前還處於爭論之中的「核廢料說」、「磁凍結說」、「熱氣漩說」等觀點都是不正確的。

4.4 地球的歸宿

對於地球的研究，人們把主要精力放在了地球的起

源、結構、運行等方面，而對地球未來的研究相對較少。

　　毫無疑問，在太陽引力場中，八大行星公轉軌道均位於它們的靜止斥力區，否則，這些行星的運行將是不穩定的（詳見 10.4 節）。然而，隨著太陽自循環系統的持續運行，太陽物質量不斷增大、引力場也同步增強，行星公轉的靜止軌道半徑隨之不斷增大。當水星、金星的靜止軌道半徑依次超過它們的公轉軌道時，如 10.4 節所述，它們處於太陽引力場的靜止引力區之中，開始沿螺旋軌道運行，最終墜入太陽。

　　接下來就輪到地球了，如圖 4-4 所示。當地球外面的太陽引力場強超過地球表面場強時，地球開始處於靜止引力區之中，我們將看到這樣一幅場景：

　　地球開始脫離原公轉軌道，沿螺旋軌道下降，地球表面的附著物被太陽吸走；隨著地表越來越多的物質被吸走，地球逐漸變小、表面溫度也越來越高；最終地球化為灰燼，被太陽吸入體內。這就是地球的歸宿。

　　不過，生存在地球上的我們人類不用為此擔心。因為在地球墜入太陽之前，我們早已掌握了真空能技術，並建造了真空能太空船[5]，而移居到其它適合人類居住的星球了。

那麼，反觀地球人的來源，是否也是如此呢？

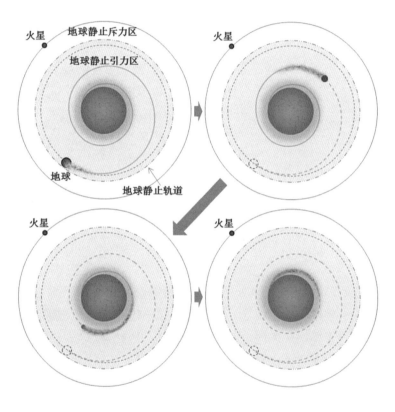

圖 4-4 地球的歸宿

4.5 恆星大爆炸

以太陽為例，太陽演化到後期，更大、更多的超分子體頻繁出現在太陽表面，使太陽亮度減弱。與此同時，超分子體進一步加速生成和增大，最終太陽表面被超分子體完全覆蓋，形成一個密實的超分子殼層，如圖 4-5 所示。

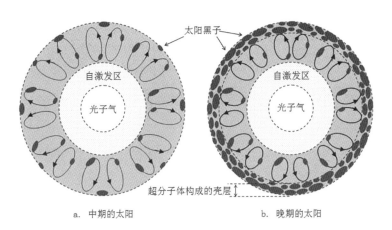

圖 4-5　恆星的成殼原理

太陽形成超分子殼層後，向外輻射變得非常微弱。現代天文學認為，這時恆星已開始冷卻（即恆星進入晚期）；系統相對論認為，這時恆星內部壓力會不斷增大，最終發生恆星大爆炸。如圖 4-6 所示。關於恆星大爆炸的詳細過程，將在後續章節分類討論。

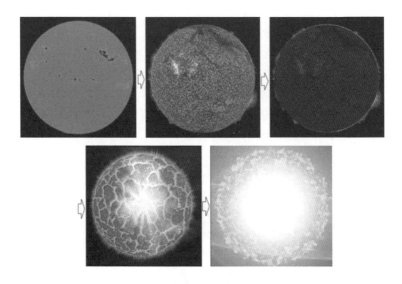

圖 4-6　恆星大爆炸原理

　　上述發生大爆炸的恆星，是指原始星雲完全形成恆星後，恆星又經歷了較長時間的演化，才開始形成超分子殼層，並最終發生恆星大爆炸，如太陽。這類恆星大爆炸又稱作類太陽恆星大爆炸。

　　這類恆星的共同特點是，原始星雲完全形成恆星時質量都較小，質量越小的恆星其演化週期越長；但發生大爆炸時，這類恆星都具有基本相同的物質總量 Es，因此 Es又稱作類太陽恆星物質量邊界。

值得一提的是，伴隨著恆星大爆炸，一方面，作為恆星的太陽終結了，但太陽的生命旅程並沒有因此結束，而是開啟了一個嶄新的演化旅程（詳見下一章）；另一方面，那些未被恆星吞噬的行星，會在更大軌道半徑上作環繞運行。

注釋：

1 在原子核表面，除了以原子核為渦核的渦管（場線）外，還存在許多分佈期間的自由渦，這些無源自由渦是在原子核場線的誘導下產生的，並在原子核場線的誘導下不斷加強，最終自由渦末端的爽子躍變為 cn 粒子（參見附錄二，量子理論稱作「真空漲落」），並吸附在原子核的表面，多個 cn 粒子疊加在一起形成光子（量子理論稱作「真空凝聚」），稱之為靜止光子。靜止光子外端極性相同而彼此排斥，從原子核表面向外發散開來，並隨核的振動及核外電子的運動而來回擺動，如同原子核長出的毛髮。故將原子核表面生成光子的這種機制稱作原子核長毛原理。

2 所謂不穩定粒子是指在地表環境中這些粒子具有不穩定性。實際上，對所有粒子而言，它們都具有自己的穩態邊界。在穩態邊界內，粒子都是穩定的；在穩態邊界外，粒子都是不穩定的，而易發生衰變。可見，放射性並非所謂的放射性元素的一種本性，而是處於其穩態邊界之外所致。

值得一提的是，基於標準模型構建的大統一理論 SU(5) 預言質子會發生衰變，許多科學家將質子是否會發生衰變視為檢驗標準模型正確性的重要證據。然而幾十年過去了，實驗探測卻從未發現質子衰變。系統相對論認為，質子衰變問題本質是粒子穩定性問題，我們探測質子衰變的實驗條件位於質子的穩態邊界內，當然也就探測不

到質子的衰變。

3 一個物體（或粒子）場強分佈公式為：$B=B_0r_0^2/r^2$（其中 B_0 為物體表面場強，r_0 為物體半徑，r 為到物體中心距離），變換得：$B=B_0/(r/r_0)^2$，式中 (r/r_0) 稱作半徑比。對表面場強 B_0 相同的物體，其半徑 r_0 越小，則半徑比越大，在 $r(r\geq r_0)$ 位置場強衰減幅度就越大，故物體半徑 r_0 又稱作該物體的場強衰減步長。強力與引力的力程差異是由場源半徑不同所決定的。

4 這種超分子體類似金剛石，能夠耐受高溫高壓。與金剛石不同的是，這種超分子晶體由更重的一種或多種原子所構成。根據構成超分子晶體的原子不同，它所承受高溫高壓的能力，比金剛石要高出十幾倍、幾十倍甚至更高。根據太陽黑子具有磁性的觀測事實，系統相對論認為，構成太陽黑子（即超分子體）的元素中應包括鐵質元素。

5 系統相對論認為，當人類真正認清了真空和光的概念，並掌握了能夠承受超高溫高壓的超分子體製造技術之後，就可以建造遨遊太空的真空能太空船了。這個由真空能提供動力的太空船，與霍金所設想的最大不同在於，後者需要攜帶足夠的燃料，而前者無需攜帶任何燃料和生活日用品。那些造訪地球的外星人乘坐的所謂 UFO 就是真空能太空船。

只有完成了真空、光等概念認識上的突破，我們才能迎來人類第三次技術革命（第一次是 18 世紀的工業革命，第二次是 20 世紀的信息革命）──能源革命。

第二部分　從白矮星到黑洞

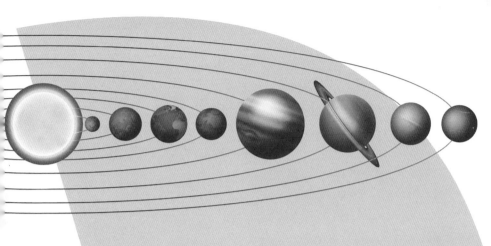

第 5 章

白矮星與
脈動白矮星

第 5 章 白矮星與脈動白矮星

　　一般認為，白矮星屬於演化到晚年期的恆星，恆星在演化後期，拋射出大量的物質，經過大量的質量損失後，如果剩下的核的質量小於 1.44 個太陽質量，這顆恆星便可能演化成為白矮星。也有人認為，白矮星的前身可能是行星狀星雲（宇宙中由高溫氣體、少量塵埃等組成的環狀或圓盤狀的物質），它的中心通常都有一個溫度很高的恆星──中心星，它的核能源已經基本耗盡，整個星體開始慢慢冷卻、晶化，直至最後「死亡」。

　　天文學認為，電子簡並壓與白矮星強大的重力平衡，維持著白矮星的穩定。當白矮星質量進一步增大，電子簡並壓就有可能抵抗不住自身的引力收縮，白矮星還會坍縮成密度更高的天體：中子星或黑洞。對單星系統而言，由於沒有熱核反應來提供能量，白矮星在發出光熱的同時，也以同樣的速度冷卻著。經過數千萬年的漫長歲月，年老白矮星將漸漸停止輻射而死去。它的軀體變成一個比鑽石還硬的巨大晶體──黑矮星而永存。

　　對此，系統相對論有不盡相同的觀點。接下來根據系統相對論討論白矮星與脈動白矮星的產生與演化過程。

5.1 紅巨星與白矮星的形成

　　如第 4 章所述，當恆星超分子殼層形成後，恆星對外輻射能進一步降低，更多光子參與內部自循環，自循環系統生成物質的能力進一步增強，導致恆星內部壓力快速增大（參見附錄一）。當整個恆星物質量達到臨界值 E_s 時，構成超分子殼層的超分子體之間的黏連部位率先被燒穿。於是，恆星內部大量物質開始從超分子體的間隙噴射出來，一些小的超分子體也隨著噴流進入太空，形成類太陽恆星大爆炸。如圖 4-6 所示。

　　從類太陽恆星大爆炸到白矮星的形成過程大體經歷了四個階段：

第一階段：形成紅巨星

　　嚴格地說，「恆星大爆炸」的說法是不準確的。在恆星內部物質向外噴發的早期，是先從超分子殼層最為薄弱的一些地方開始的，就像地球上的火山噴發。由於這些零星的火山噴發所釋放的內部壓力抵消不了內部自循環系統帶來的增量，於是，一方面火山口越來越多；另一方面，原來熔接在一起的超分子體之間的間隙再次燒熔，形成許多帶狀甚至環狀火山群。最終，形成恆星大噴發。

隨著類太陽恆星大噴發，噴出的氣態物質夾雜著各種微粒，形成厚厚的煙氣層，籠罩在恆星周圍，並不斷向外層擴散，看上去像是恆星在快速地膨脹，天文學上稱之為紅巨星。

第二階段：紅巨星脈動震盪與超分子殼層引力坍縮

隨著恆星不斷向外噴射物質，內部壓力逐漸降低，導致積聚在火山口的熔岩回流火山通道，於是火山停止噴發；隨著內部壓力的增大，再次將回流熔岩湧出，並形成二次火山噴發。如同間歇噴泉一樣，這個過程不斷反覆。這時，紅巨星看上去時而大時而小，形成了紅巨星的脈動震盪。

隨著紅巨星持續的脈動震盪，超分子殼層進一步碎裂。於是，在每次間歇噴發的末期，隨著內部壓力的降低，超分子殼層會發生引力坍縮。與此同時，導致噴發加劇。

第三階段：二次成殼

與早期恆星形成超分子殼層時的狀態不同的是，這時的恆星具有更強大的自循環系統，構成超分子體的原子也更重一些。如 4.4.2 節恆星成殼原理所述，這些更重的超分子體最終將火山帶和火山環的噴發口封閉，進而形成了更加厚實的完整超分子殼層，稱之為二次成殼。

a. 类太阳恒星大爆炸

b. 形成红巨星、超分子体坍缩

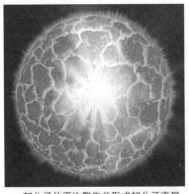

c. 超分子体再次聚集并形成超分子壳层

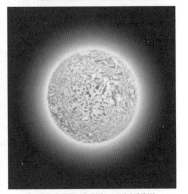

d. 表面冷却后成为一颗白矮星

圖 5-1 白矮星形成原理

第四階段：形成白矮星

二次成殼後，恆星表面逐漸冷卻而暗淡下來，看上去泛著微微的白光。冷卻後的火山帶和火山環，如同表面上的一道道疤痕，由於它們比殼層更厚且一般由更重的原子構成，而看上去呈現為暗紋。這時，一顆白矮星誕生了，如圖 5-1 所示。

接下來，先討論一下恆星所噴發氣態物質的去向。

5.2 雙（三）星系統的形成及其歸宿

恆星大爆炸所噴射出的物質，主要由超分子碎片、岩漿冷凝形成的碎塊（天文學上又稱之為星子），以及大量的微粒（分子團）和分子、原子等形成的氣體組成。

這些散佈在白矮星四周的噴射物質，在白矮星引力作用下，那些距離白矮星較近的，紛紛墜落白矮星表面；那些距離白矮星較遠的，在白矮星旋轉引力場的拖拽作用下，逐漸向白矮星赤道面彙聚，並環繞白矮星運動，最終形成一條環狀星雲。由此可見，具有環狀星雲的白矮星一般都是最年輕的白矮星。

如同第 1 章星雲子渦和行星的產生與形成原理一樣，

在白矮星引力場的作用下，上述環狀星雲會演化成一個或
兩個星雲渦，進而形成一個或兩個新的天體。新天體與白
矮星共同構成一個系統，天文學上通常稱之為雙星系統或
三星系統。

　　值得注意的是，新產生的天體既可能是發光的所謂恆
星，也可能是不發光的所謂行星。因此，天文觀測中用光
學望遠鏡發現的所謂孤星也許並不孤單、所謂的雙星系統
也許是三星系統甚至多星系統。

　　以雙星系統（白矮星和它孕育形成的恆星構成的系
統）為例，隨著白矮星進一步演化為脈動白矮星、中子星
乃至黑洞（詳見後續章節），它的物質量不斷增大、引力
場不斷增強，導致環繞運動的恆星最終會進入它的靜止引
力區而被吞噬（天文學上歸因於引力波輻射[1]所致，是不
正確的），如圖 5-2 所示。

圖 5-2 恆星被吞噬的場景

在圖 5-2 中，人們通常認為是黑洞吞噬了恆星，或者說恆星掉進了黑洞中。但從上述討論中可知，吞噬恆星的也可能是中子星，甚至（脈動）白矮星。

接下來，我們繼續討論白矮星的演化過程。

5.3 白矮星的結構與演化

一般，白矮星由類太陽恆星大爆炸演化而來，其半徑 R_{wg} 比恆星成長半徑 R_s 要小一些，即 $R_{wg} < R_s$。但天文觀測認為，白矮星的平均半徑不足 1000 公里，還是值得商榷的。

這是因為，由於白矮星的超分子殼層很厚，而且它本身並不發光。我們所看到的光主要是白矮星內部核聚變區域發出的如圖 5-3c 所示。因此，所謂的白矮星半徑不足 1000 公里，實際是指白矮星內部核聚變區的半徑。這個半徑加上其外側流體態物質的厚度和超分子殼層的厚度，才是白矮星半徑。這就是白矮星看起來很小的原因，如圖 5-3d 所示。

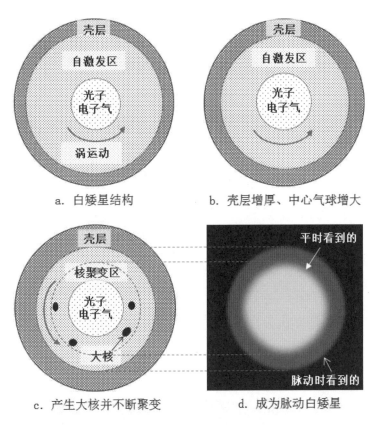

a. 白矮星结构

b. 壳层增厚、中心气球增大

c. 产生大核并不断聚变

d. 成为脉动白矮星

圖 5-3 白矮星的結構與演化

　　如圖 5-3 所示，白矮星具有三層結構：外層是超分子體構成的晶體外殼，中層是自激發區，中心是由高速旋轉的光子電子氣形成的球體。如第 4 章所述，自激發區與光子電子氣球共同構成了一個自循環系統。

在自循環系統的持續推動下，從白矮星到脈動白矮星的演化過程大體經歷了三個階段：

第一階段：超分子殼層逐漸增厚

隨著自循環系統的持續運行（如圖 5-4 所示），生成的各種更重的元素不斷凝聚在白矮星超分子殼層的內側，進而使白矮星的超分子殼層不斷增厚。相應地，白矮星內部核聚變也趨於增強，故看上去其亮度並無明顯變化。

第二階段：自循環系統的物質輸出開始發生轉換

隨著白矮星超分子殼層的不斷增厚、內部溫度壓力也不斷增大，光子電子氣球也同步增大，使得自激發區開始不斷變薄。隨著白矮星內部溫度壓力的不斷上升，自激發區內的原子核場域半徑不斷減小，更多的質子凝聚在一起，形成特大型原子核（類似物理學中所說的超重核[2]，但比它大得多）。

這時，自循環系統產生的物質從形成超分子殼層開始轉向生成特大型原子核。相應地，用於增厚超分子殼層的物質越來越少，直至超分子殼層不再增厚。

第三階段：大核開始產生，形成脈動白矮星

隨著生成的特大型原子核越來越多，以及內部溫度壓力的進一步上升，當內部壓力達到臨界值 ρ_{wb} 時，特大型原子核開始發生核聚變，形成更大的原子核，簡稱大核。

這種特大型核的聚變瞬間釋放大量光子，通過內部流體態物質和超分子殼層內壁的反射，讓我們看到了一個尺寸增大了的白矮星（如圖 5-3d 所示）。由於這種特大型核聚變持續不斷地進行，於是看上去白矮星在反覆地變大和變小。天文學上將這種現象稱作「脈動」，相應地，將處於「脈動」狀態的白矮星稱作脈動白矮星。

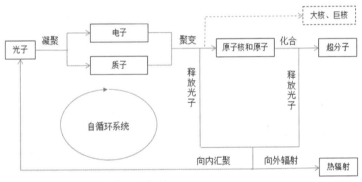

注：图中虚线部分为脉动白矮星的演化过程

圖 5-4　白矮星自循環系統運行原理

5.4 脈動白矮星的演化

從脈動白矮星到中子星的演化過程（如圖 5-5 所示）
大體經歷了兩個階段：

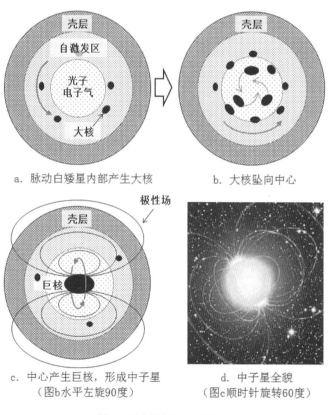

a. 脉动白矮星内部产生大核

b. 大核坠向中心

c. 中心产生巨核，形成中子星
（图b水平左旋90度）

d. 中子星全貌
（图c顺时针旋转60度）

圖 5-5 脈動白矮星的演化

第一階段:

脈動白矮星形成後,由於自循環系統產生的物質基本全部用於生成大核,於是更多和更大的大核快速生成。

第二階段:

由於大核單體質量很大,而不斷向脈動白矮星的核心螺旋下沉,同時下沉中的大核又不斷相互凝聚,最終在脈動白矮星的核心形成一個梭狀的巨型原子核[3],簡稱巨核。這時,脈動白矮星演化為一顆中子星。當然,在巨核形成期間,脈動白矮星的「脈動」會更加強烈。

如同原子核一樣,梭狀巨核也具有強大的極性場,物理學上稱之為磁場。一些場線溢出超分子殼層,彌散在中子星的周圍,形成了中子星的磁場。關於中子星內部結構的更多討論見 6.2 節。

綜上所述可知,天文學認為「白矮星和脈動白矮星的歸宿是黑矮星」的觀點是不正確的。相反,白矮星是比恆星內部溫度壓力更高的、更加富有活力的天體,而進一步演化為脈動白矮星;同樣,脈動白矮星是比白矮星內部溫度壓力更高的、更加富有活力的天體,而進一步演化為中子星。

可見，一方面，白矮星並不「矮」，它是類太陽恆星走向黑洞過程中不可或缺的一個環節；另一方面，黑矮星只是天文學中的一個理論模型而已，現實中並不存在這種內部完全晶體化的大質量天體。

注釋：

1 引力波輻射是人們類比電磁輻射而提出的一個概念。在第 6 章注釋[3]中我們已經明確了電磁輻射是一個錯誤的概念，因此所謂的引力波輻射和引力波都是人們推導出的錯誤概念。

2 上世紀 60 年代，原子核理論預言，在已知核半島的頂端以外，還可能存在一系列相當穩定的超重核穩定島。許多科學家以各種不同的方法在自然界中尋找超重核，但至今還沒有得到肯定的結果。根據重核可以衰變為較輕核的事實，系統相對論推斷，天然的重核中應有一些是由更重的核衰變而來，因此在地球內部存在超重核。進一步講，在天體（尤其恆星、白矮星、中子星）中，超重核是廣泛存在的。

3 關於原子核模型，近代以來人們曾提出過液滴模型、核殼層模型、綜合模型等，由於已提出的各種原子核模型都存在這樣或那樣的一些問題，普遍認為，原子核模型理論還是一個發展中的理論。系統相對論認為，上述模型都是在電荷（即正電和負電）概念基礎上構建的，而問題的根源就在於沒有擺脫電荷相關性上。

根據系統相對論的質子模型（正十四面體結構），系統相對論構建了原子核的梭狀模型（參見附錄二）。在梭狀原子核模型中，原子核由質子和電子凝聚而成，核內質子同向規則排列（無間隙），電子吸附在核表面的質子上。

原子核的場是由中性場（引力場是它的一種特殊形態）和極性場（電性是它的一種宏觀表現形式）構成的複合場。在原子中，核外電子與原子核之間的相互作用包括兩部分：中性場之間耦合產生的引力（比所謂萬有引力強得多）和極性場之間耦合產生的引力（即所謂電性作用）。可見，將原子核與核外電子之間的相互作用簡單理解為電性作用是不準確的。

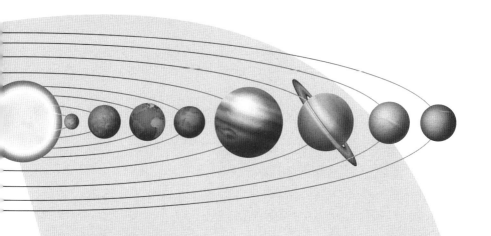

第6章

中子星與脈衝星

第 6 章 中子星與脈衝星

　　中子星是介於白矮星和黑洞之間的一種星體，脈衝星都屬於中子星，但中子星不一定是脈衝星。中子星的發現是上世紀 60 年代天文學的四大發現之一。

　　天文學認為，中子星是除黑洞外密度最大的星體，中子星的密度為每立方釐米 $8×10^{13}$ 克至 $2×10^{15}$ 克之間，也就是每立方釐米的質量為 8 千萬到 20 億噸之巨！此密度也就是原子核的密度，是水的密度的一百萬億倍。

　　同白矮星一樣，中子星是處於演化後期的恆星，它也是在老年恆星的中心形成的。只不過能夠形成中子星的恆星，其質量更大罷了。根據科學家的計算，當老年恆星的質量為太陽質量的 1.3 至 3.2 倍時，它就有可能最後變為一顆中子星，而質量小於 1.3 個太陽的恆星往往只能變化為一顆白矮星。

　　但是，中子星與白矮星的區別，不只是生成它們的恆星質量不同。它們的物質存在狀態也是完全不同的。簡單地說，白矮星的密度雖然大，但還在正常物質結構能達到

的最大密度範圍內：電子還是電子，原子核還是原子核，原子結構完整。而在中子星裡，壓力是如此之大，白矮星中的簡並電子壓再也承受不起了：電子被壓縮到原子核中，同質子中和為中子，使原子變得僅由中子組成。而整個中子星就是由這樣的原子核緊挨在一起形成的。

對此，系統相對論有不盡相同的觀點。接下來根據系統相對論討論中子星和脈衝星的產生與演化過程。

6.1 藍巨星與中子星的形成

　　中子星的來源有兩個方向：一個是由脈動白矮星演化而成，另一個是由恆星大爆炸直接形成。脈動白矮星演化成中子星的過程在上一章我們已經討論了，這裡主要討論恆星大爆炸形成中子星的過程。

　　根據第 1 章太陽形成原理，如果形成恆星系的原始星雲的物質量較大，那麼在恆星尚未完全形成時，即原始星雲正在形成恆星的過程中，由於恆星質量已經足夠大，而開始形成超分子殼層。此時，由於原始星雲中的微粒持續通過兩極吸盤進入恆星，一方面使得恆星半徑還在持續增大，另一方面由於兩極漩渦的擾動，這兩方面因素都阻礙著恆星超分子殼層的形成。

　　直到恆星接近完全形成（即兩極漩渦減弱甚至接近消失）時，恆星兩極的超分子殼層才最終形成。這時的恆星物質量比類太陽恆星大爆炸的臨界值 Es 高出了許多，半徑也大了許多。在自循環機制（參見圖 5-4）推動下，該恆星超分子殼層不斷增厚，內部壓力也持續增大。當這個大質量恆星內自激發區壓力接近 ρ_{wb} 時，如 5.3 節所述，大核開始產生，並最終在中心形成一個巨核。

如同類太陽恆星大爆發一樣，大質量恆星隨著內部壓力的增大，最終構成超分子殼層的超分子體黏連部位被燒穿，形成大質量恆星大爆發。這時，藍光和內部物質從超分子體間隙大量噴出，並彌散在恆星周圍，看上去像一個比紅巨星體積更加龐大的藍色天體，天文學上稱之為藍巨星。

如同白矮星的形成原理一樣，大質量恆星大爆發後，隨著內部壓力的釋放，超分子殼層發生引力坍縮，並在更小的半徑上相互連接，形成更為密實的超分子殼層，再次把巨核緊緊包裹起來。這時，一顆中子星誕生了。

值得一提的是，如同紅巨星最終會形成雙星或三星系統一樣，藍巨星亦會如此。

6.2 中子星的結構與狀態

由脈動白矮星演化成的中子星，其半徑一般與白矮星的平均半徑 R_{wg} 相當；由大質量恆星演化成的中子星，由於巨核強大的引力作用，導致超分子體坍縮到更小的半徑上形成超分子殼層，故這類中子星的半徑一般都小於 R_{wg}。

至於天文觀測中看到中子星半徑一般小於 30 公里，這是由於把位於中子星中心的巨核視為中子星所致。中子星的半徑是巨核半徑、流體物質厚度和超分子殼層厚度之和，它遠大於 30 公里。因此，「中子星半徑一般小於 30 公里」的觀念是錯誤的。

　　無論中子星來源於恆星大爆炸還是脈動白矮星，中子星一般都具有四層的結構：外層是超分子殼層，第二層是自激發區，第三層是光子電子氣區，中心是一個梭狀巨核，如圖 6-1 所示。

　　由此可見，中子星並非由中子所構成，而是一個具有複雜結構和運行機制的天體。另外，雖然形成巨核的那些原子核均含有「中子」[1]，但在原子核凝聚（即核聚變）過程中，那些附著在核表面的電子早已被強烈的電磁風暴（準確的說，是劇烈變動的中性場和極性場）所吹散，從而使得兩個原子核中的質子重新排列組合，形成一個新的更大的原子核——大核。

　　另一方面，在巨核形成過程中，隨著物質量的增大，內部相鄰質子的間隙越來越小，最終內部質子相互融合（在此之前，核表面的電子早已被壓碎與表面質子融為一體）。於是，原來由若干質子構成的複合粒子轉變為一個巨型的單粒子——巨核。可見，「中子星」這個名稱是名不符實的。

　　由於在巨核形成之初，自循環系統渦運動形成的磁場（極性場）早已存在，在此誘導下，形成的巨核其長軸線與光子電子氣渦運動方向相垂直，並產生與渦運動方向相一致的轉動。巨核的極性場，一小部分與自循環系統渦運動產生的極性場耦合，另外的大部分溢出中子星體外，形成中子星的磁場。

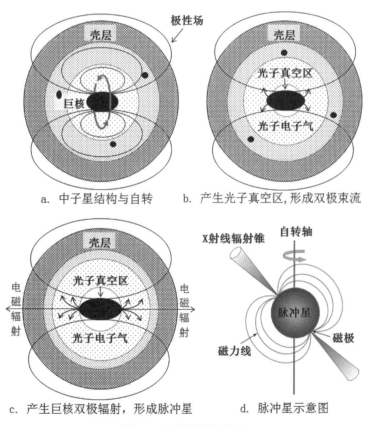

a. 中子星结构与自转　　　b. 产生光子真空区,形成双极束流

c. 产生巨核双极辐射,形成脉冲星　　　d. 脉冲星示意图

圖 6-1 中子星演化原理

值得一提的是，行星、恆星、白矮星和脈動白矮星的磁場（類似地球磁場）場源，與中子星的場源是完全不同的。前者的磁場源於其自循環系統渦運動產生的一種動態的耦合極性場，場強相對較弱；後者的場源是位於中子星中心的巨核，場強要強大得多。

由於中子星的場強很強，它的場域半徑自然也就很大，故很容易與鄰近天體形成共同場域邊界（即中子星的場域並不是完全處在黑洞場域中），而發生相互作用。於是，受鄰近天體的影響，巨核產生軸的擺動（本質上是一種協變運動），並帶動整個中子星作相同轉動。如同普通物體中原子的複雜轉動一樣。

可見，中子星的自轉是一種複合轉動（如圖 6-1d 所示），即包括垂直於巨核長軸的自轉和巨核長軸的週期擺動。值得一提的是，天文學上所說的中子星自轉每秒幾百甚至上千圈，是指其中心巨核的自轉週期，其表面的轉動要慢得多。

6.3 中子星的演化

中子星形成後，根據系統相對論原子核長毛原理，巨核表面佈滿各種光子。在光子電子氣劇烈渦運動的擾動下，

附著在巨核表面的光子不斷脫落（即巨核處於激發態，稱作巨核激發輻射）、融入光子電子氣中，從而增強了自循環機制持續產生各種物質的能力。

從中子星到脈衝星的演化過程大體分為四個階段：

第一階段：巨核激發輻射逐步取代自激發區核聚變輻射

中子星形成後，自循環系統中光子的來源增加了新的方向——巨核激發輻射。隨著中子星的進一步演化，更多的大核在自激發區形成，並不斷墜入巨核，導致巨核不斷增大。與此同時，光子電子氣區半徑不斷增大、自激發區不斷縮小。於是，自循環系統中光子的來源，從原來以自激發區核聚變為主，轉變為以巨核激發輻射為主。

第二階段：形成巨核吸盤

實際上，大核墜入巨核，是由於大核位於巨核場中的靜止引力區（參見 10.4 節）所致。隨著巨核的成長和場強的增強，越來越小的粒子紛紛（由近及遠）進入它們的靜止引力區，而沿螺旋軌道墜入巨核表面。於是，這個不斷增強和擴大的靜止引力區成為巨核的強大吸盤（類似黑洞吸盤，詳見 8.1 節），推動著巨核的成長。

第三階段：產生光子靜止引力區

隨著巨核吸盤的不斷增強，最終在巨核中部周圍開始產生光子靜止引力區（即巨核場強大於光子表面場強的區域），並不斷擴大和向巨核兩端延伸，如圖 6-1b 所示。由於位於這個區域的光子沿螺旋軌道運動，並最終墜落到巨核表面，從而使得該區域成為一個相對的光子真空[2]區（詳細討論見 8.1 節）。

第四階段：形成雙極輻射

由於光子真空區的場強遠高於原子核表面場強，使得原來其表面的自由渦（能夠產生單爽子渦環——cn 粒子），被壓縮成若干短線渦，而不再向 cn 粒子轉化，導致該區域的巨核表面不再「長毛」（即生成光子），而停止了激發輻射。

於是，隨著光子真空區不斷向巨核兩端延伸，巨核輻射光子的區域也同步向兩端移動，並隨著其外部壓力和渦運動增強而輻射增強。當光子真空區擴大到巨核兩端時，在巨核兩端形成兩束光子輻射流，天文學上稱之為雙極輻射。

值得一提的是，隨著巨核輻射光子的區域向兩端彙聚，看上去中子星變得越來越小，不過中子星的質量卻是越來越大。但是，早期中子星的巨核也是經歷了由小到大

的成長過程的，在這個階段，看上去中子星越來越大，質量也越來越大。總之，中子星看上去的大小與其質量並非一直遵循反向關係，不可一概而論。

雙極輻射中的一些光子，穿透超分子殼層輻射出去，形成所謂電磁輻射[3]，天文學上稱之為中子射線。由於中子星的複合轉動，一些中子射線會週期輻射到地球上，如同中子星發出的脈衝輻射。故天文學上又稱之為脈衝星。

需要指出的是，隨著光子真空區的出現，巨核的吸盤從吸食各種粒子開始擴展到吸食光子。這時的中子星吸盤已經接近黑洞吸盤（參見 8.1 節）了。

由此可見，天文學上認為「中子星通過減慢自轉以消耗角動量維持光度，當它的角動量消耗完以後，中子星將變成不發光的黑矮星。」的觀點是錯誤的。其一，中子星的光度源於巨核的激發輻射，與其角動量無關；其二，中子星是天體演化過程中一個中間環節，它將進一步演化為脈衝星、黑洞，而不是變成不發光的黑矮星。

6.4 脈衝星的演化與超新星爆發

從脈衝星到超新星爆發的演化過程，大體可分為三個

階段：

第一階段：形成雙發射極

隨著光子真空區的繼續增大，當光子真空區脫離脈衝星巨核兩端時，巨核兩端輻射束流中的部分光子開始吸附在了巨核兩端。於是，隨著光子真空區的進一步增大，巨核兩端同步增長，形成兩個發射極。如圖 6-2b 所示。

第二階段：產生「熱斑」

隨著巨核發射極的增長，輻射束流不斷增強，與發射極相對應的超分子殼層開始被燒熔。隨著超分子殼層燒熔區域的擴大，更多的自激發區物質填充過來，導致自激發區物質向兩極區域彙集。與此同時，脈衝星兩極對應的超分子殼層被不斷加熱，形成兩個高溫區，天文學上稱作「熱斑」。

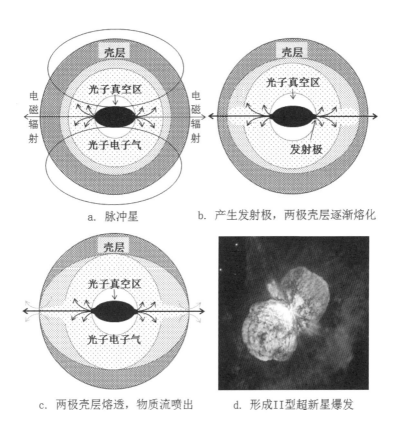

a. 脉冲星

b. 产生发射极，两极壳层逐渐熔化

c. 两极壳层熔透，物质流喷出

d. 形成 II 型超新星爆发

圖 6-2 脈衝星演化原理

第三階段：超新星爆發

當上述兩個高溫區被燒穿時，彙集在巨核兩極的自激發區物質噴湧而出，形成超新星爆發（如圖 6-2d 所示）。由於噴射出的物質中含有大量質子（氫），因此在超新星爆發的光譜中有氫吸收線，這類超新星爆發在天文學上稱之為 II 型超新星爆發。

從中子星的形成原理可知，不同中子星超分子殼層的厚度並非一致。尤其大質量恆星大爆炸形成的中子星，恆星質量越大，形成的中子星超分子殼層就越厚。上述 II 型超新星爆發源于超分子殼層厚度較薄的中子星。

對於超分子殼層較厚的中子星，在發生超新星爆發前，由於內部溫度壓力更高一些，導致自激發區已經消失（即光子不再生成質子，原有的質子也早已墜入巨核），而幾乎被光子電子氣所充滿。因此，當發生超新星爆發時，噴射出的主要是光子、電子和一些超分子殼層碎片等，幾乎不含質子（氫），故在其光譜中沒有氫吸收線。這類超新星爆發在天文學上稱之為 I 型超新星爆炸。

如上所述，按照中子星超分子殼層厚度從薄到厚，發生超新星爆發時，形成的超新星類型順次為：II 型、Ia 型、Ib 型、Ic 型。關於超新星的進一步演化將在下一章討論。

注釋：

1 中子是由質子和電子構成的一種最簡單的複合粒子。中子不帶
「電」是因為，由於質子和電子之間存在協變振動，導致質子和電
子之間的極性場耦合形成了一種動態的耦合極性場。這種動態場的
場函數與電子或質子的不變場的場函數完全不同，故而宏觀上呈現
出「電」中性的特徵。可見，中子與質子並非是互為同位旋的粒子。

通常認為，原子核由質子和中子構成，實際上，原子核是由質子和
電子構成的（參見附錄二），只不過電子與原子核表面的質子吸附
在一起，當激發原子核時，在原子核表面的吸附在一起質子和電子
（即所謂中子）容易一起被激發出去而已。

總之，具有立體結構的中子是不可能存在於原子核內部的。因此，
由中子構成的中子星是不存在的。

2 通常所說的真空一般是指不含原子（甚至電子）的空間，系統相對
論稱之為原子真空。不含光子等所有實物粒子，只剩下超流體態物
質的空間，系統相對論稱之為光子真空。光子真空是絕對的真空，
其他真空都是相對的真空。相對的光子真空是指不存在高於某個能
量值的光子的空間。

3 經典電磁理論認為，電場與磁場相互激發產生電磁波，電磁波向空
中發射或洩露的現象叫電磁輻射。根據系統相對論，電場與磁場的
相互激發是有條件的，所謂電磁波本質是疏密相間的光子群發散運
動形成的波，電磁輻射的本質是光子輻射，它跟電場與磁場沒有直
接關聯。原子受激輻射光子，並非核外電子「能級躍遷」引起，而
是原子核表面附著光子脫落所致。總之，電磁輻射的概念是錯誤的。

第 7 章

黑洞與銀河系的形成

第 7 章 黑洞與銀河系的形成

　　黑洞是現代廣義相對論中宇宙空間內存在的一種密度無限大、時空曲率無限高、體積無限小的天體（奇點），所有的物理定理遇到黑洞都會失效。

　　當前主流觀點認為，黑洞的產生過程類似中子星的產生過程：某顆恆星在滅亡時，核心在自身重力的作用下迅速地收縮、塌陷，發生強力爆炸。當核心中所有的物質都變成中子時收縮過程立即停止，被壓縮成一個密實的星體，同時也壓縮了內部的空間和時間。

　　但在黑洞情況下，由於恆星核心的質量大到使收縮過程無休止地進行下去，中子本身在擠壓引力自身的吸引下被碾為粉末，剩下來的是一個密度高到難以想像的物質。由於高質量而產生的力量，使得任何靠近它的物體都會被它吸進去。

　　對此，系統相對論有不盡相同的觀點。接下來根據系統相對論討論黑洞的產生與銀河系的形成過程。

7.1 超新星的演化與黑洞的形成

　　超新星爆發後，在脈衝星引力作用及其旋轉引力場的拖拽作用下，脈衝星噴射出的物質逐漸彙聚到脈衝星赤道面附近作環繞運動，形成環狀星雲。在脈衝星引力場的誘導下，環狀星雲進一步演化成恆星（即發光天體）或行星（即不發光天體），並圍繞脈衝星轉動。當然，這些恆星或行星的最終命運是被脈衝星所吞噬。下面著重討論脈衝星的進一步演化。

　　超新星爆發後，一方面脈衝星失去了大量物質，另一方面其雙極輻射的一部分通過兩極燒穿的洞口輻射出去，如圖7-1a所示。於是，脈衝星進入緩慢成長、演化的階段。

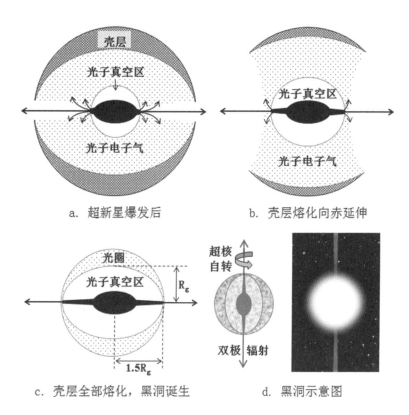

a. 超新星爆发后　　　　b. 壳层熔化向赤延伸

c. 壳层全部熔化，黑洞诞生　　　d. 黑洞示意图

圖 7-1 黑洞形成原理

隨著脈衝星的緩慢成長，雙極輻射同步增強，光子電子氣溫度不斷升高，超分子殼層的熔化過程又重新開始。熔化的超分子殼層從兩極不斷向赤道（中部）延伸，最終整個超分子殼體全部熔化而消失。

於是，脈衝星演化為一個帶有兩個發射極的、沒有外殼的超巨型原子核，簡稱超核。這時，一個「裸核」誕生了，這個「裸核」就是天文學上所說的黑洞。

根據第 1 章太陽系的形成原理，系統相對論認為，在原始星雲所形成的原始星雲渦中，由於原始星雲物質密度的不同，形成的原始星雲渦所含的物質量，存在幾倍以內的差異是允許的，但所含物質量相差幾十倍是不可能的。這是因為，原始星雲的物質密度越大，它產生的原始星雲渦半徑會相應減小。只不過原始星雲渦半徑越小，演化會越快一些罷了。

換言之，所謂的十幾倍、甚至幾十倍太陽質量的恆星是不存在的。由此可見，黑洞來源於恆星大爆炸的觀點，以及 Ib 超新星演化為黑洞的觀點（實質是脈衝星演化為黑洞）都是不正確的；形成中子星的恆星質量也只是太陽質量的幾倍而已。

自上世紀 60 年代約翰·惠勒提出「黑洞」一詞以來，黑洞研究一直是一個熱門研究領域。有趣的是，2014 年 1 月，在黑洞研究領域頗有威望的英國著名科學家霍金承認，黑洞其實是不存在的，不過「灰洞」的確存在，他再次以其與黑洞有關的理論震驚物理學界。2014 年 9 月美國科學家用數學的方法證明了黑洞是不存在的。

從本節的討論可知，所謂「黑洞」實質是帶有兩個發射極的超核，它並非是類似「洞」結構的時空曲率無限大的「奇點」，只是具有「洞」的某些性質罷了。可見，「黑洞」一詞名不符實，是時候糾正這個名稱了。

7.2 銀環的形成原理

如上所述，黑洞（超核）的兩個發射極不斷生成各種光子（參見附錄二），由於這些光子位於黑洞引力場（即中性場，黑洞的場結構與原子核場類似）的靜止斥力區（參見 10.4 節）中，受到強大黑洞場的斥力作用而向外加速運動[1]。

如同地球內自循環系統的光聚變與核聚變原理一樣，向外作加速運動的極高密度的光子群，在運動中隨著黑洞場強的減弱，不斷凝聚成電子（包括中微子）、質子等有質量的極性單粒子。這些有質量的粒子，在黑洞引力場的引力作用下，偏離原來的運動方向，並在它們極性場的相互誘導下，形成兩束強大的粒子流，天文學上稱之為雙極噴流。如圖 7-2 所示。

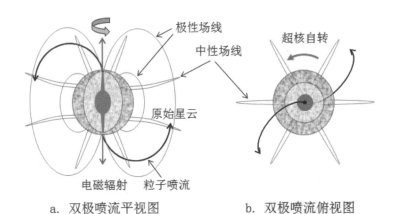

a. 双极喷流平视图　　　　　b. 双极喷流俯视图

c. 双极喷流形成银环　　　　d. 双极喷流形成银环效果图

圖 7-2 超核雙極輻射的分解與銀盤的形成原理

　　如上所述，黑洞雙極輻射分解成了雙極（電磁）輻射和雙極（粒子）噴流兩部分。在黑洞中性場的斥力作用下，雙極電磁輻射一直作直線加速運動直至進入太空，形成黑洞的超高能輻射。從雙極電磁輻射分離出來的雙極粒子噴流，一方面在黑洞引力場的引力作用下，不斷偏離原來的運動方向，即經（度線）向運動，如圖 7-2a 所示；另一方面，在超核旋轉引力場的拖拽作用下，逐漸偏向超核自轉方向運動，即緯（度線）向運動，如圖 7-2b 所示。

　　隨著雙極粒子噴流遠離黑洞，黑洞場強進一步減弱，形成噴流的極性單粒子進一步聚合成各種原子核、原子、甚至分子。相應地，隨著粒子質量的增大，原子和分子的運動速度也進一步減慢；與此同時，原子及分子之間的極性場減弱，使這些粒子之間相互作用減弱，導致粒子噴流逐漸疏散開來，形成原始星雲。

　　以銀河系為例，隨著遠離超核，原始星雲的經向運動逐漸減弱、緯向運動不斷增強，最終在超核赤道面附近圍繞超核作圓周運動。於是，雙極噴流形成的原始星雲圍繞超核作圓周運動半圈後，兩條原始星雲相互連接在一起，形成了一個完整的銀環。

　　當然，超新星爆發後所形成的天體及其殘留物質也摻雜在銀環之中，成為銀環的一部分。

7.3 銀臂的形成原理

在沿銀環運動過程中，隨著超核的不斷增大，雙極噴流也不斷增強，於是原始星雲開始出現新的分支。在超核旋轉引力場的牽引下，新的原始星雲分支圍繞超核運動。於是，銀河系的兩大旋臂（簡稱銀臂，天文學上稱之為銀盤）開始形成，如圖 7-4 所示。

根據天文學最新觀測研究資料，我們可以粗略估算出銀臂、銀環和中心超核（黑洞）的形成年齡。

設銀河系的年齡 A_g 約為 136 億年，太陽系的年齡 $A_。$ 約為 47 億年；當前銀河系的全貌如圖 7-3 所示，可以看出，太陽系圍繞超核轉過的角度 $\angle_。$ 約為 213°，銀臂圍繞超核轉過的角度 $\angle_{sa}$ 約為 375°，原始星雲形成銀環圍繞超核轉過的角度 $\angle_{sr}$ 為 180°。那麼，忽略超核物質量和自轉等變化的影響，以及原始星雲演化對其運行速度的影響等因素，銀臂、銀環和中心黑洞的形成年齡 A_{sa}、A_{sr}、A_{bh} 分別為：

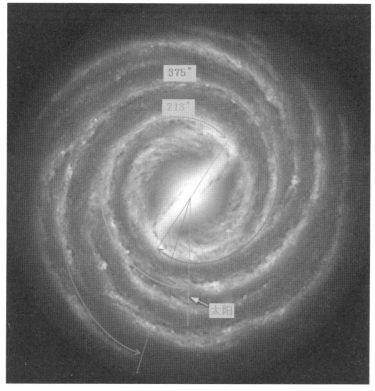

圖 7-3 銀河系模型

$$A_{sa} = A_{\odot} \times \angle sa / \angle_{\odot} \approx 83\text{ 億年} \qquad (4)$$

$$A_{sr} = A_g - A_{\odot} \times \angle_{sr} / \angle_{\odot} \approx 96\text{ 億年} \qquad (5)$$

$$A_{bh} = A_g \approx 136\text{ 億年} \qquad (6)$$

根據上述討論，我們可以粗略地描繪出年齡為 136 億歲的銀河系的成長過程，如圖 7-4 所示。

零歲，即 136 年前：

由脈衝星演化而來的超核誕生了，它處於黑寂的太空中，雙極輻射衝入茫茫太空。

40 億歲，即 96 億年前：

從超核雙極輻射分離出來的雙極噴流，進一步演化成原始星雲，並在超核赤道附近做圓周運動，形成了銀圈。

53 億歲，即 83 億年前：

隨著超核雙極噴流不斷增強和光圈對超核極性場遮罩作用的增強，一部分原始星雲開始從銀環中分離出來。於是，銀臂開始形成。

89 億歲，即 47 億年前：

隨著銀臂的不斷增長和超核雙極噴流不斷增強，溢出銀環的原始星雲早已出現新的分支。這時，形成不久的太陽系掠過銀環進入銀臂中。

136 億歲，即當前：

兩大旋臂分別經歷了兩次大分叉，最終形成現在的模樣。

在原始星雲掠過銀環進入銀臂的過程中，根據太陽系的形成原理可知，這些原始星雲逐漸形成若干原始星雲渦，進而演化成包括太陽在內的恆星、包括地球在內的行星等各種天體和恆星系。這些天體在超核引力場的作用下圍繞超核運行，如圖 7-4 所示。當然，在銀環內也會形成大量的天體，並不斷演化。

由此可見，星系基本結構都是雙螺旋的漩渦星系。當然，在實際觀測中，由於星系相對地球的傾斜姿態各不相同，看上去一些星系呈橢圓或棒狀。另外，有些星系相距很近，銀臂相互進入對方的引力場域中，受到對方旋轉引力場的拖拽作用而呈現出更加複雜多樣的形狀。

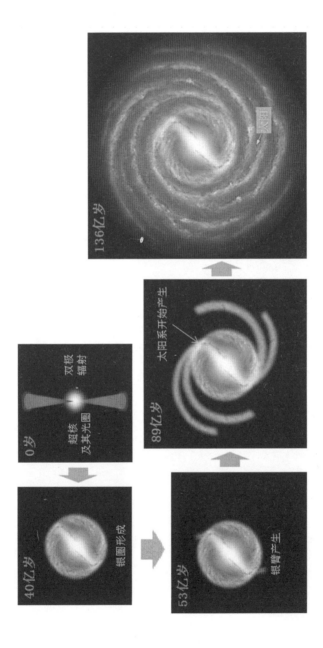

圖 7-4　銀河系形成過程

136亿岁

0岁
双极辐射
超核及其光圈

40亿岁
银圈形成

89亿岁
太阳系开始产生

53亿岁
银臂产生

7.4 對黑洞性質的考查

1965 年以來，在愛因斯坦相對論天體物理學基礎上，黑洞研究取得一些重要結果，從而瞭解到黑洞的一些奇特性質。

1. 無毛髮定理

現代宇宙學認為，每顆恆星都有質量、光度、大小、密度、磁場、化學組成等複雜的特性，但黑洞則是一個最簡單的一個統一的整體。因為任何物質一旦進入黑洞的視界將永遠消失，且沒有任何資訊從視界內傳遞出來。黑洞僅通過它的質量、角動量和電荷對外界產生影響。常通俗地將黑洞這種單純性稱之為「黑洞無毛髮定理」。對此，系統相對論有不同的觀點。

首先，黑洞具有和普通天體幾乎一樣多的參數，只是就複雜性而言它相對要簡單。比如，黑洞具有尺寸和結構，黑洞的大小與質量（能量）密切相關，密度比質子還要高且非常均勻，組成的基本單元為 cn 粒子等等。

其次，黑洞的雙極噴流和雙極輻射都是黑洞傳出的資訊。通過觀測雙極噴流所形成的銀盤，我們可以推出黑洞的物質量、尺度等等。總之，「黑洞無毛髮定理」的稱謂

並不恰當。

2. 面積不減定理

　　黑洞視界的面積視為它的表面積。霍金證明了「黑洞面積不減定理」，即任何黑洞的表面積不可能隨時間減小。兩個黑洞可以碰撞而結合成一個黑洞，合成的黑洞表面積一定不小於原先兩個黑洞表面積的和；但一個黑洞不能分裂成兩個黑洞，因為這會導致黑洞表面積隨時間減小。

　　從 8.1 節可知，黑洞是緩慢成長的，它的表面積是不斷增大的。根據靜止軌道半徑公式，兩個相同大小的黑洞合二為一後，視界半徑增大至 $2^{1/2}$ 倍，因此合成黑洞的表面積正好是原來兩個黑洞表面積之和。黑洞顯然是無法分裂的，一旦分裂也就意味著黑洞大爆炸。

3. 黑洞蒸發

　　根據量子場論，真空並不是絕對的空虛，而在不斷地產生著正——反粒子對（一個具有正能量，另一個具有負能量），並且又很快湮滅。對黑洞而言這個過程總的效果是，一部分正能量粒子被發射出去，而掉進黑洞的多為負能量粒子，導致黑洞質量減小。這就是黑洞蒸發。

　　顯然，黑洞蒸發與黑洞面積不減定理是不相協調的。

系統相對論認為，反物質 [2] 是不存在的，因此黑洞蒸發不會發生。

4. 黑洞的熵

　　現代研究表明，黑洞不僅有溫度，它的行為方式似乎還表明它具有稱作熵 [3] 的量。熵是黑洞內部狀態（其內部結構的方式）的數目的度量，這是具有給定的質量、旋轉和電荷的黑洞允許的所有內部狀態。黑洞的熵可由史蒂芬·霍金於 1974 年發現的公式給出。它等於黑洞視界的面積：視界面積的每一基本單位都存在關於黑洞內部狀態的一比特的資訊。

　　根據黑洞的超核模型可知，黑洞雖然由龐大數量的 cn 粒子構成，但它們都是規則有序的排列（參見圖 8-4）。黑洞是一個極大的單粒子體，因此它無熵可言。

5. 高能噴流

　　近 40 年來，天文學上常用黑洞來解釋其它天體難以說明的一些宇宙高能現象。從觀測上說，迄今還沒有可以確鑿證明存在黑洞的直接證據。

　　實際上，超核是宇宙中最大、最強的雙極噴流源。在天鵝座的 SS433 中，有一個射電、紅外、X 射線和伽馬射

線的高能雙極噴流源，它處於氣體球殼 W50 的中心。據此系統相對論推測，這個氣體球殼是超新星爆發物質形成天體後的殘餘物質，這個高能雙極噴流源是由即將演化為超核的脈衝星或剛形成不久的超核（黑洞）發出的。

7.5 對暗物質的考查

1915 年，愛因斯坦根據他的相對論得出推論：宇宙的形狀取決於宇宙質量的多少。他認為：宇宙是有限封閉的。如果是這樣，宇宙中物質的平均密度必須達到每立方釐米 5×10^{-30} 克。但是，迄今可觀測到的宇宙的密度，卻比這個值小 100 倍。也就是說，宇宙中的大多數物質「失蹤」了，科學家將這種「失蹤」的物質叫「暗物質」。

1932 年，美國加州工學院的瑞士天文學家弗里茲·扎維奇最早提出證據並推斷暗物質的存在。他發現，大型星系團中的星系具有極高的運動速度，除非星系團的質量是根據其中恆星數量計算所得到的值的 100 倍以上，否則星系團根本無法束縛住這些星系。

暗物質（dark matter）剛被提出來時僅僅是理論的產物，之後幾十年的觀測分析證實了這一點。儘管對暗物質的性質仍然一無所知，但是到了 80 年代，占宇宙能量密

度大約 20% 的暗物質已被廣為接受。

現在天文學家已經證明：宇宙中的天體從比我們銀河系小 100 萬倍的星系到最大星系團，都是由一種物質形式所維繫在一起的，這種物質既不是構成我們銀河系的那種物質，也不發光。這種物質可能包括一個或更多尚未發現的基本粒子組成，該物質的聚集產生導致宇宙中星系和大尺寸結構形成的萬有引力。如今，尋找暗物質粒子已經成為許多國家爭相加入的熱門研究領域。

從本章的超核模型和銀河系形成原理可知，所謂的「暗物質」其實是指孕育整個星系的超核。超核具有極強的由極性場和中性場構成的複合場，但是它的極性場被光圈層中的極性粒子所遮罩，因此在大尺度上主要表現為中性場，即引力場性質。正是超核強大的引力場吸引著銀河系兩大懸臂中的無數天體作圓周運動。

正如 7.1 節所述，由於人們已經把具有實體結構的超核理解為一種非實體的「洞」結構現象，從而使得吸引天體作圓周運動的超核引力場成了無源之水、無本之木。於是，不得不創立新的概念——暗物質。

關於備受世人矚目的尋找反物質和暗物質的阿爾法磁譜儀（AMS）項目，2013 年 4 月，諾貝爾獎獲得者華裔

物理學家丁肇中及其團隊宣佈，借助阿爾法磁譜儀已發現
40 萬個正電子，宇宙射線中過量的正電子可能來自暗物
質。

根據系統相對論粒子模型，所謂反粒子只是一個粒子
的鏡像粒子而已。換言之，反粒子和反物質都是不存在的。
毫無疑問，安裝在國際空間站上的阿爾法磁譜儀，會探測
到在實驗室和地面上都尚未發現的一些新粒子，但這些新
粒子不可能成為反物質或暗物質存在的證據。

顯然，人們已經偏離了追求宇宙真相的正確道路，陷
入了對宇宙認識的重重迷霧之中。

注釋 :

1 根據系統相對論，光子的這種加速運動本質是一種協變運動。實際上，如果將靜止斥力區穩態運動方程中 b_0 和 B 分別用光子表面空間密度 ρ_0 和引力場空間密度 ρ 替代，並代入系統相對論固有速度公式，可以得到引力場中的光速方程：$v = [k_v/\rho(1-\rho/\rho_0)]^{1/2}$

其中 k_v 為絕對運動常數。從上式可以看出，在不同引力場中能量相同 (ρ_0 相等) 的光子或在相同引力場中能量不同的光子，它們的速度都是不同的。一般，光速 c 是在地表用可見光測得，由於光子表面空間密度 ρ_0 遠大於地表空間密度 ρ，即 $1-\rho/\rho_0 \approx 1$，於是有：$v \approx (k_v/\rho)^{1/2} = c$

即，在地表光速約為 $(k_v/\rho)^{1/2}$ 的常數，稱之為地表可見光速。可見，光速 c 本質上是光速方程在地表的一個近似解而已。

2011 年 9 月英國《自然》雜誌網站報導，歐洲研究人員發現了中微子超光速現象，2012 年 5 月又以「光纖連接問題」而給予否定。根據中微子比可見光子的能量小得多的事實，可推得它的表面空間密度比可見光子大一些，因此在地表中微子的運動速度大於光速 c。

人們之所以千方百計尋找「藉口」來否定超光速現象這個事實，是因為光速常數是整個現代物理大廈的基石，後果可想而知。然而正是因為沒有突破「光速不變」的束縛，才導致了現代物理學的困境。

2 系統相對論認為，所謂反粒子是一個粒子的鏡像粒子，自旋（即自轉）相反的同一個粒子互為鏡像粒子、互為反粒子。實際上，根據反物質和正物質相遇會發生湮滅而釋放出巨大能量的觀點，我們自然產生兩個疑問：一是，正物質中應不存在反物質（如果有，就會與正物質相互湮滅），人們又是如何從正物質中提取出反物質來的呢？二是，反物質的消失應是與正物質的湮滅導致，我們抓住的所謂「反物質」湮滅時，所釋放的能量怎能會沒有任何效應顯現出來

呢？由此可知，所謂反物質和反粒子的概念都是不正確的。

3 熵的概念比較抽象，通俗地講，熵是系統內粒子熱運動雜亂程度的
一種宏觀度量。根據系統相對論，粒子都具有複雜的場結構，對於
流體或固體而言，每個粒子在與周圍粒子的相互作用中，形成與自
身運動狀態相對應的場函數，進而與周圍粒子乃至整個系統內粒子
構成一個協變系統。但在封閉靜態的氣體系統中，由於粒子之間存
在複雜的隨機相互作用，而導致粒子的相對位置不斷變化。 總之，
粒子的「雜亂」運動是因為我們難以觀測的複雜相互作用所決定。
可見，熵的概念是值得商榷的。

第8章

黑洞演化與物質大循環

第 8 章　黑洞演化與物質大循環

　　上一章我們主要討論了銀河系的形成過程，實際上銀河系的形成過程中，超核（黑洞）自身也一直在不斷成長。本章主要討論黑洞成長原理、黑洞光圈成因，以及黑洞大爆炸原理和物質大循環原理。

8.1 超核的成長

自超核（黑洞）產生後，它在孕育銀河系的同時，自身也在不斷成長。與行星、恆星和白矮星的成長機制不同，超核主要是通過吸食銀環中的各種粒子、甚至天體而實現其成長的，如圖 8-1 所示。

在上一章提到，超核周圍存在一個光子靜止引力區，由於進入該區域的光子最終總是墜落超核表面，因此該區域又稱光子真空區。實際上，由於不同能量光子的表面場強不同，而使得它們對應的靜止軌道並不相同，因此光子靜止引力區並不存在一個清晰的邊界。

進一步講，能量越小的光子，其靜止軌道半徑越小；cn 粒子是最小的光子，它的靜止軌道其實就是超核表面。因此，嚴格地說，光子真空區是不存在的；但對於特定能量的光子而言，其靜止引力區半徑是確定的，該區域是不低於該能量的所有光子的一個相對的光子真空區。

從另一個角度看，所有光子靜止引力區構成的區域就是超核的光子吸盤。進入光子吸盤後，隨著光子圍繞超核螺旋下落，其外界的超核場強相應增強，光子兩端的 cn 粒子在超核場的作用下脫離，光子逐漸解體（即光子衰

變）；隨著光子的持續下落，光子兩端的 cn 粒子持續散解，最終被完全「撕碎」為 cn 粒子，落在超核表面而成為超核的一部分。

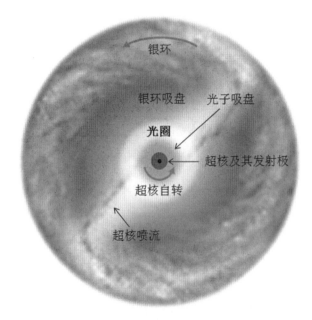

圖 8-1 超核的物質吸盤

同理，銀環以內的區域是超核的銀環吸盤。進入銀環的原始星雲總有一部分進入銀環吸盤，隨著這部分微粒圍繞超核持續螺旋下落，超核的場強持續增強，微粒不斷被分解為各種光子；接下來跟光子一樣，最終被完全撕碎為 cn 粒子，落在超核表面而成為超核的一部分。

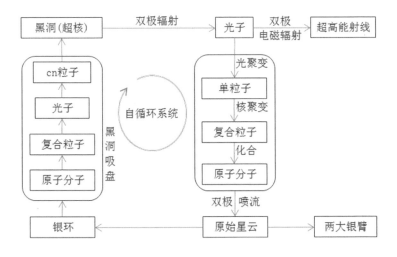

圖 8-2　黑洞成長原理

　　光子吸盤和銀環吸盤統稱黑洞的物質吸盤，簡稱黑洞吸盤，宇宙學上稱之為吸積盤。整個黑洞吸盤從外到內具有層狀物質分佈結構，依次為分子、原子、原子核、質子、高能光子（電子）、低能光子、cn 粒子等。這種物質的層狀分佈也是黑洞吞噬銀盤物質過程中，微粒物質逐步分解的過程和順序。

　　黑洞吸盤的物質分解過程與雙極噴流的物質聚合過程，共同構成了一個完整的自循環系統，如圖 8-2 所示。正是這個自循環系統推動著黑洞（超核）的成長和演化。

　　值得一提的是，我們在天文觀測中，會看到在銀環吸

盤中有一個光圈（光球）。關於光圈的成因將在下節討論。

8.2 黑洞光圈——一幅縮略的宇宙全景圖

　　現代宇宙學認為，在距離黑洞半徑為 1.5R_g（R_g 為史瓦西半徑）的星面上，沿星面水準方向光子將繞黑洞轉動，形成一個由光子構成的球狀殼層——光層。於是，外界觀測者會看到在 1.5R_g 處有一光圈。如圖 8-1 和圖 7-1c 所示。

　　從上一章討論可知，在光圈區域的確有大量光子和各種粒子圍繞超核運行。但正是由於這些光子和粒子圍繞超核運行而無法到達地球，故這些光子和粒子我們是觀測不到的。由此可見，我們從地球上看到的光圈與圍繞超核運行光子和粒子無關，而是另有原因。

　　根據天體的凸透鏡效應[1]（宇宙學上稱之為引力透鏡）和康普頓散射[2]（簡稱散射效應，又稱凹透鏡效應），由於超核是宇宙中最大型的天體，其場強也是最強大的。因此，超核的凸透鏡效應和凹透鏡效應無疑也是最強大的。

　　無論是系外天體（ES）還是系內恆星（IS），也不管這些發光天體處於什麼位置，它們發出的光線總有一部分經超核場彎曲後到達地球，被我們所看到，如圖 8-3 所示。

圖中實線為系外天體和系內恆星直接到達地球的光線，經超核外側彎曲（即引力作用）到達地球的虛光線是凸透鏡效應的結果，經超核內側彎曲（即反射）到達地球的虛光線是凹透鏡效應的結果。

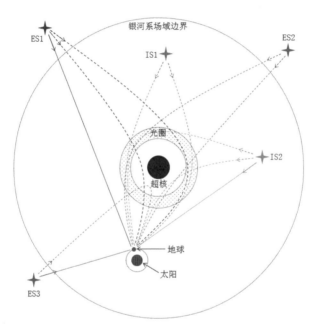

圖 8-3 黑洞光圈形成原理

由此可知，我們所看到的黑洞光圈，本質是宇宙中無數的系外發光天體和銀河系中無數的系內發光天體，經超核的凸透鏡效應和凹透鏡效應，在超核周圍所形成影像的集合。而且，許多發光天體在光圈中會有兩個、甚至多個影像。

由此可見，黑洞光圈是黑洞（超核）對整個宇宙中發光天體聚光效應的結果。因此，每個黑洞光圈都是一幅縮略的宇宙全景圖。也正是因為黑洞（超核）隱身在這幅縮略宇宙圖景的後面，才使得我們無法看到它的真容，進而導致了人們對黑洞存在與否的廣泛而持久的爭論。

顯然，當前天文學界和宇宙學界對黑洞光圈存在曲解，進而導致對黑洞乃至宇宙的認識誤入歧途。比如，近年來已經觀測到黑洞光圈內存在大量類星體，通常認為它處在黑洞背後很遠的某個位置。然而，根據上述黑洞光圈形成原理可知，在黑洞光圈中所觀測到只是類星體的一個影像而已，這個類星體的真實位置可能在宇宙中任何一個角落。

8.3 黑洞大爆炸與銀河系的歸宿

隨著黑洞吸盤持續將其雙極噴流物質吸入體內，超核持續成長。最終，在超核物質量超過其臨界點的瞬間，發生黑洞大爆炸而終結。

黑洞（超核）是由 cn 粒子構成的超巨型的單粒子體，其內部結構與電子、質子的相同，如圖 8-4 所示；所不同的是，由於超核所含 cn 粒子的數量遠遠高於電子和質子，

故超核內外的場強遠高於後者，因此超核中相鄰 cn 粒子的間隙更小一些。

隨著超核物質量的不斷增大，其場強同步增強，超核內 cn 粒子的間隙逐漸減小。由於超核中心的場強較表面更大一些，因此超核中心的 cn 粒子間隙更小一些；當超核中心 cn 粒子間隙為零時，cn 粒子場遭到完全破壞，cn 粒子與其場所構成的同生共存的自耦系統[3] 也不復存在。於是，cn 粒子反躍變為爽子，體積急劇膨脹，進而導致周圍 cn 粒子的連鎖反應，於是引發黑洞大爆炸。

黑洞大爆炸時所具有的物質量，是黑洞的物質量上限，用 E_{bmax} 表示，它也是宇宙中一切物體的物質量上限，稱之為物體的物質量邊界。黑洞物質量的下限由脈衝星熔殼原理提供。顯然，一些人試圖在實驗室製造黑洞的努力是不會有結果的。

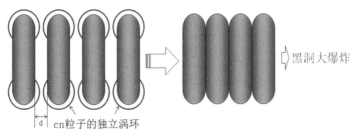

cn粒子的独立涡环

d>0。黑洞持续成长，d值不断减小。

d=0。cn粒子场遭到完全破坏，cn粒子反跃变为爽子，引发黑洞大爆炸。

圖 8-4 黑洞大爆炸原理

不過，類黑洞的粒子是存在的，那就是質子和原子核，它們具有黑洞的一些性質，如表面場強非常強、具有光子生成機制、能夠構建類似銀河系的原子系統等。

黑洞隨著大爆炸而消失，黑洞孕育的星系王國也隨之瓦解。原來圍繞黑洞運行的所有天體，絕大部分隨黑洞大爆炸湮滅為空間（由爽子構成流體態物質），只有最外側極少數天體倖免於難，成為太空中的自由天體。這就是銀河系的最終歸宿。

被黑洞大爆炸拋入太空的那些自由天體，如同散播到太空中一粒粒種子，雖然其中大部分會進入臨近星系而可能被黑洞所吞噬，但總會有個別天體在擁擠的星系之間找到一個屬於它的位置而停頓下來，而後開始它向黑洞演化的歷程。一個黑洞消失了，新的黑洞又即將登場，這顯示出宇宙的永恆性。同時，從黑洞所釋放出的巨量空間（流體態物質），又為即將登場的新黑洞提供了廣闊的演化舞臺。

黑洞大爆炸標誌著它將空間轉化為物體過程的終結，同時隨著大爆炸，構成黑洞的基本單元——由爽子轉化而來的 cn 粒子——又轉化回了爽子，從而實現了物質的大循環。

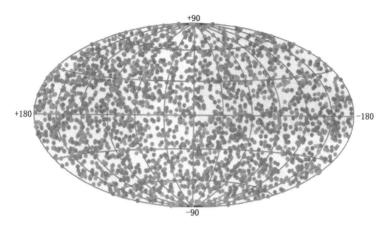

圖 8-5 伽馬射線暴源在全天空分佈

　　2005 年底，康普頓伽馬射線觀測站（CGRO）的 BATSE 研究小組，公佈了 9 年來檢測到的 2704 個伽馬射線爆源在全天空的分佈圖，如圖 8-5 所示。平均而言，CGRO 大約每天發現一個伽馬射線爆，它在天空中的分佈大致是均勻的和各向同性的。系統相對論推測，這些伽馬射線爆的一部分就屬於黑洞大爆炸（其它大部分是恆星大爆炸、超新星爆發等引起）。由此可見，黑洞在太空中是廣泛存在的。

8.4 物質大循環原理

　　回顧第 1 章至第 8 章的討論，我們可以將一個典型天體（稱之為「種子星」）上百億甚至幾百億年的波瀾壯闊

的演化歷程，濃縮為如下幾幅連續的圖景：

圖景1：當一個星系的銀臂開始出現之初，在超核場的誘導下，超核雙極表面上由超流體態物質形成的不計其數的自由渦極速地產生著 cn 粒子；在強大的超核場的斥力作用下，這些 cn 粒子加速遠離超核兩極；與此同時，極高密度的 cn 粒子不斷凝聚成各種光子、進而凝聚成電子、質子等有質量的粒子。這時，在超核的引力作用和旋轉超核引力場的拖拽作用下，這些有質量的粒子開始偏離原來的運動方向，沿著三維的曲線路徑向超核的赤道面運動，形成原始星雲。

圖景2：原始星雲在掠過銀環的過程中，在超核引力場的誘導下，原始星雲逐步演化成若干原始星雲渦。在渦運動的自誘導機制作用下，在原始星雲渦中心產生了一顆類太陽恆星（即「種子星」產生），並在初始恆星引力場的作用下，恆星快速形成與增大。在恆星引力場的誘導下，行星漸次產生和形成。一個恆星系誕生了。

圖景3：恆星帶著它孕育的行星一起越過銀環，成為銀臂的組成部分。恆星內部自循環系統的持續運行，推動著恆星的成長和演化。當恆星半徑增大到某個臨界值時，太陽黑子（超分子體）開始出現。後來，恆星開始吞噬環繞它運行的行星；再後來，太陽黑子佈滿整個恆星表面，

形成一個超分子殼層，恆星熱輻射變得微弱而顯得黯淡無光。在恆星慢慢退出人們視線過程中，恆星大爆炸發生了。

圖景 4：伴隨著恆星大爆炸，恆星內部大量物質彌散開來，形成一顆紅巨星。後來開始間歇噴發，繼而逐漸解體的超分子殼層不斷發生引力坍縮，最終超分子體在恆星表面二次成殼，形成一顆白矮星。也許就在這個時候，所處星系中心的超核（黑洞）已經達到了它的物質量上限，於是黑洞大爆炸發生了。超核孕育的星系王國也隨之湮滅為空間（超流體態物質），只有位於星系邊沿的、包括已經演化為白矮星的這顆種子星在內的極少數天體，倖免於難，成為撒向太空的幾粒種子。

圖景 5：在星際太空漂泊的白矮星（種子星），最終會在空曠的星系之間找到一個屬於它的位置而停頓下來。（在這個屬於它的位置上，一個雄心勃勃的計畫開始實施，白矮星要再次構建一個龐大的星系王國，重現前輩的昔日輝煌！）白矮星內部自循環系統的持續運行，最終演化為一顆脈動白矮星。伴隨著脈動白矮星的持續「脈動」，大量大核產生，這些大核沿螺旋軌道紛紛墜落到中心，凝聚成一個巨核。這時脈動白矮星演化成了一顆中子星。

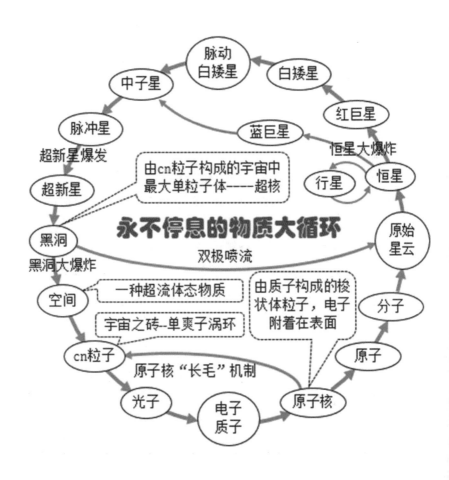

圖 8-6 物質大循環原理

　　圖景 6：在中子星演化過程的前期，一種新的光子產生機制開始出現：處於激發態的巨核開始持續輻射光子；到中子星演化過程的後期，自激發區的核聚變逐漸停止，光子產生機制完全被巨核激發輻射所取代。隨著巨核周圍光子真空區的出現和增大，梭狀巨核激發輻射區域逐步向兩端彙聚，最終形成雙極輻射，中子星演化為脈衝星。隨著光子真空區的不斷擴大，脈衝星的兩極同步成長，形成兩個發射極。雙極輻射率先把與兩極相對的超分子殼層燒穿，內部的高溫高壓物質噴湧而出，形成超新星爆發。

　　圖景 7：超新星爆發後，脈衝星的超分子殼層最終全部熔化、汽化，與此同時，帶有兩個發射極的巨核進一步成長為一個超核（黑洞）。隨著超核雙極輻射的增強，雙極輻射中生成的有質量的粒子逐漸分離出來，形成雙極噴流，進而形成兩條原始星雲帶。後來，兩條原始星雲帶形成了銀環和兩大銀臂，一個龐大的星系王國再次建立起來。當這個超核最終發生黑洞大爆炸（湮滅為流體態物質）時，它還會將一些演化中的天體撒播到太空中，埋下未來星系的種子。

　　由此可見，宇宙中的天體演化總是不斷循環往復，如圖 8-6 所示。所有天體都是來源於流體態物質（空間），最終又以黑洞大爆炸的形式或伴隨著黑洞大爆炸回歸空間。

注釋：

1 光線經過大型天體表面時，由於受到天體的引力作用，導致光線發生彎曲，而表現出凸透鏡效應。愛因斯坦將光線彎曲的原因歸結為「由於天體使其周圍時空曲率增大所致」進而提出的測地線概念都是不正確的。

2 康普頓散射實驗中，根據系統相對論，在光子與靶粒子碰撞過程中，隨著光子向粒子靠近，其外界的粒子場強越來越強，光子場域半徑不斷減小。當靠近靶粒子到達一定距離 r 時，光子的臨界場消失，光子本體外端的 cn 粒子裸露於外界場中。這時，在外界場的作用下光子外端的 cn 粒子開始散解（即光子衰變）；直到碰撞後遠離到距離 r 時，光子的臨界場再次出現，這時其端部 cn 粒子停止散解。可見，康普頓將散射光子歸因於與靶中電子碰撞引起的觀點是錯誤的。

而光子衰變的表像就是所謂紅移，由此可見，黑洞的散射效應（即凹透鏡效應）中普遍具有紅移的特徵。

3 cn 粒子的場（簡稱 cn 場）本質是一個渦量場，cn 粒子是這個渦量場的渦核（參見圖12-1）。cn粒子受到其渦量場產生的應力作用，也正是這個應力確保了 cn 粒子的結構與體積。因此 cn 場又稱 cn 粒子的伴生場。

另一方面，cn 粒子是爽子場的自誘導運動產生的一個單爽子渦環。換言之，爽子流體的渦運動產生了 cn 粒子，它是爽子的一個特殊形態；cn 粒子自身的渦運動又誘導了它的渦量場。因此，cn 粒子與其渦量場是一個同生共存的自耦系統。

第三部分　穩態宇宙

第9章

對大爆炸宇宙學的考查

第 9 章 對大爆炸宇宙學的考查

　　歷史上，對宇宙的認識曾提出有中心宇宙、無限宇宙、等級式宇宙等多種觀點。進入 20 世紀，尤其廣義相對論創立以來，宇宙學成為熱門的前沿研究領域，一些新的宇宙模型被紛紛提出，主要包括：有限無界的愛因斯坦模型、有運動無物質的德西特模型、存在三種可能解的弗里德曼模型、邦迪（H.Bondi）等人提出的穩恒態宇宙模型，以及大爆炸宇宙模型等。

　　大爆炸理論已成為現代最有影響的宇宙學說，它能很好說明恆星年齡的上限以及現有氦豐度的偏高。至於宇宙開始的奇點問題，後來霍金認為，如果考慮到量子效應，奇點還是可以消除的。儘管大爆炸模型已成為公認的「標準宇宙模型」，但仍然面臨不少新、老疑難問題的挑戰。

9.1「奇點」問題

　　宇宙大爆炸理論認為，宇宙是由一個緻密熾熱的奇點（如圖 9-1 所示）於 137 億年前一次大爆炸後膨脹形成的。1927 年，比利時天主教神父勒梅特（Georges Lemaître）首次提出了宇宙大爆炸假說。1929 年，美國天文學家哈勃根據假說提出星系的紅移量與星系間的距離成正比的哈勃定律，並根據多普勒效應推導出星系都在互相遠離的宇宙膨脹說。1946 年美國物理學家伽莫夫正式提出大爆炸理論，認為宇宙由大約 140 億年前發生的一次大爆炸形成。

　　對於「宇宙從一個無限緻密和炙熱的『奇點』的大爆炸中產生」的觀點，一些人紛紛提出了質疑：「奇點」的外面是什麼？「奇點」爆炸前發生了什麼？又是什麼機制觸發了「奇點」的大爆炸？面對這些質疑，支持大爆炸理論的人認為，在「奇點」處一切物理定律都失效了。

圖 9-1「奇點」想像圖

　　系統相對論認為，一方面，從物理定律匯出了一個不適用所有物理定律的事物──「奇點」，既然「奇點」不適用所有物理定律，它又怎麼能從物理定律中匯出呢？另一方面，為了迎合一個理論，而要求所有物理定律必須在何時何處才能起作用，這似乎是要將上帝引入到科學殿堂中來。總之，大爆炸宇宙學已經把我們從「已知」引入了不可知的誤區之中。

　　根據系統相對論和前幾章有關黑洞的討論，我們可以得到關於「奇點」的如下判定：

1. 曲率無限大的「奇點」是不存在

　　人們通常將黑洞（超核）理解為一個曲率無限大（即體積無限小）的「奇點」。而實際上，所謂的「黑洞」實質是一個具有宇觀尺度的超核。只不過，由於超核的聚光效應（參見8.2節），使其隱身在「縮略宇宙圖景」的後面，導致我們無法直接看到它罷了。但我們通過觀測銀盤兩側的雙極輻射和雙極噴流，可以推測它的存在及其大小。

2. 整個宇宙不可能壓縮為一個「奇點」

　　原因有二：其一，宇宙是對物質的統稱，根據系統相對論，物質具有流體態和剛體態兩種形態，這兩種形態的物質相互作用、相互依存、相互轉化。流體態物質稱作了空間或場，剛體態物質稱作了物體或粒子。如果將整個宇宙壓縮成一個「粒子」，那麼，根據場域原理，這個粒子的場域半徑將趨於無窮大，即粒子的場將是無限大。換言之，宇宙無限大。這與「奇點」的概念是矛盾的。

　　其二，黑洞（超核）是宇宙中最大（或最重）的天體。一方面，宇宙中存在無數這樣的天體；另一方面，黑洞不可能無限增大，當達到了它的物質量上限，它將發生大爆炸（剛體態物質湮滅為流體態物質）而回歸物質的基態。可見，整個宇宙壓縮為一個「奇點」是不可能的。

由此可見，宇宙大爆炸理論的正確性是令人懷疑的。那麼，支持宇宙大爆炸理論的宇宙譜線紅移、宇宙微波背景輻射的觀測事實又作何解釋呢？下面分別討論。

9.2 對宇宙譜線紅移的考查

對於宇宙譜線紅移（如圖 9-2 所示）的原因，在天文學界一直存在爭論。大多數天文學家贊成「宇宙學紅移」的觀點，即類星體的譜線紅移是因宇宙膨脹而河外天體退行的反映；另一種觀點認為，類星體紅移是局地的、非宇宙學的，並曾提出光子衰老、類星體中央有大質量黑洞等觀點。

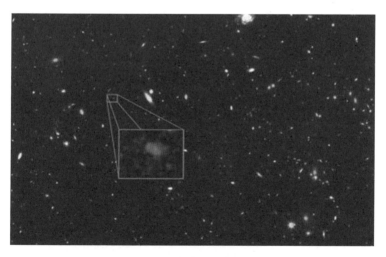

圖 9-2 宇宙譜線紅移觀測

系統相對論支持「光子衰老」的觀點。從第 8 章星系形成原理可知，黑洞在太空中廣泛存在，類星體輻射出的光子在穿越太空到達地球的旅程中，難免會穿越黑洞史瓦西半徑內的空間（即光子吸盤），導致光子中部分 cn 粒子的散解而發生衰變（參見 8.1 節），即光子衰變。

如上所述，距離我們越遠的類星體，其光子在到達地球前穿越黑洞史瓦西半徑內空間的次數越多，光子衰變的幅度也就越大，光子頻率 f 變得就越低（光子能量 $E=hf$）。設星體輻射光子的頻率為 f_0，到達地球時光子頻率衰減幅度為△f，光子旅行單位距離頻率衰減率為 k，光子旅行距離為 D，於是有：

$$\triangle f=kDf_0 \qquad\qquad (7)$$

上式就是系統相對論的宇宙譜線紅移定律，即宇宙譜線紅移量△f 與譜線穿越太空的距離 D 成正比。實際上，康普頓散射實驗中散射光子的頻率變化量，也是一種紅移量（參見第 8 章注釋 2），只不過我們通常不這樣稱謂罷了。由此可見，類星體紅移是局地的，非宇宙學的。

實際上，當類星體朝向或背向我們運動時，它發射到地球的光，如果忽略路徑上其它天體的影響，只有光強度的變化，而不會發生頻率變化。因此，多普勒

（C.J.Doppler）將光子的運動與聲波的傳播進行類比是不恰當的。

從系統相對論的宇宙譜線紅移定律，匯出的是一個穩態的宇宙，與從哈勃定律匯出的宇宙膨脹模型比較，穩態宇宙模型更符合我們有史以來的宇宙觀測。而自哈勃定律創立以來，越來越多的宇宙觀測對其構成了挑戰。一個典型的例子是，旋渦星系 NGC4319 與類星體馬卡良 205 的視位置很靠近，在照片上可以看到兩者之間似有物質橋連接，說明它們是有物理聯繫的真正的近鄰，但 NGC4319 的紅移量 Z=0.006，而馬卡良 205 的紅移量 Z=0.07，相差 10 倍以上。

實際上，之所以旋渦星系 NGC4319 與類星體馬卡良 205 的 Z 值存在極大差異，是因為它們輻射出的光子經過的路徑不同導致的。就像仙女座星系，它發出的光子經過銀河系中心黑洞的光圈層（參見圖 8-3）時，吸收了那裡的一些 cn 粒子（即光子聚變），到達地球時，不但沒有紅移還發生了藍移。

由此可見，哈勃定律和光的多普勒效應都是不正確的。

9.3 對宇宙微波背景輻射的考查

　　1948 年，美國物理學家伽莫夫、阿爾菲和赫爾曼估算出，如果宇宙大爆炸最初的溫度約為十億度，則會殘留有約 5~10k 的黑體輻射。然而這個工作當時並沒有引起重視。1964 年，蘇聯的澤爾多維奇、英國的霍伊爾、泰勒（Tayler）、美國的皮伯斯（Peebles）等人的研究預言，宇宙應當殘留有溫度為幾 K 的背景輻射，並且在釐米波段上應該是可以觀測到的，從而重新引起了學術界對背景輻射的重視。美國的狄克（Dicke）、勞爾（Roll）、威爾金森（Wilkinson）等人也開始著手製造一種低噪音的天線來探測這種輻射，然而另外兩個美國人無意中先於他們發現了背景輻射。

　　1964 年，美國貝爾實驗室的工程師阿諾·彭齊亞斯和羅伯特·威爾遜架設了一台喇叭形狀的天線，用以接受「回聲」衛星的信號。為了檢測這台天線的噪音性能，他們將天線對準天空方向進行測量。他們發現，在波長為 7.35cm 的地方一直有一個各向同性的訊號存在，這個信號既沒有周日的變化，也沒有季節的變化，因而可以判定與地球的公轉和自轉無關。

　　起初他們懷疑這個信號來源於天線系統本身。1965

年初，他們對天線進行了徹底檢查，然而噪音仍然存在。於是他們在《天體物理學報》上以《在 4080 兆赫上額外天線溫度的測量》為題發表論文，正式宣佈了這個發現。不久狄克、皮伯斯、勞爾和威爾金森在同一雜誌上以《宇宙黑體輻射》為標題發表了一篇論文，對這個發現給出了解釋：這個額外的輻射就是宇宙微波背景輻射。

宇宙微波背景輻射的發現成為大爆炸理論的一個有力證據，並且與類星體、脈衝星、星際有機分子一道，並稱為 20 世紀 60 年代天文學「四大發現」。彭齊亞斯和威爾遜也因此獲得 1978 年的諾貝爾物理學獎。

然而，對於宇宙微波背景輻射的成因，也有不同的觀點。美籍華人張操教授認為，天體碰撞或爆炸產生的伽馬射線爆是微波背景輻射的來源，由於伽馬射線爆在全天空的分佈是隨機均勻的，所有的伽馬射線爆的餘暉被星際微塵和其他暗星體吸收、再發射、再吸收，最終達到了熱平衡，形成了現在觀察到的 2.7K 宇宙背景輻射。

由此張操教授進一步認為，宇宙是無限的，在時間上和空間上沒有起點。宇宙中每一個恆星和星系都有從產生到死亡的演化過程，它們是整個宇宙演化的組成部分。

系統相對論支持張操教授的觀點，我們觀測到的宇宙

微波背景輻射與所謂的宇宙大爆炸沒有任何關聯。令人遺憾的是，人們把宇宙微波背景輻射這個觀測事實的價值，錯誤地與實際不存在的宇宙大爆炸緊密地聯繫在了一起，而忽視了它的真正的科學價值。

比如，從宇宙微波背景輻射的偶極異性（如圖 9-3 所示），可以得出「地球相對于宇宙微波背景輻射運動速度為 390±60 千米 / 秒」的結論（參見 2.2 節）。這個觀測事實表明，人們普遍認為「地球公轉速度為 29.8km/s」是錯誤的。進而，萬有引力定律以及建立在該定律基礎之上的天文學和宇宙學需要徹底修正。

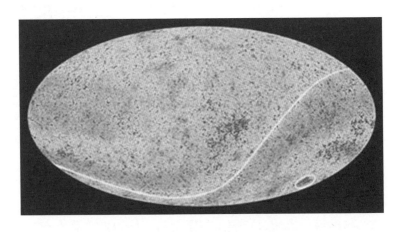

圖 9-3 宇宙微波背景輻射偶極異性

再比如，由於熱力學發展較早，也有其自身的局限性，主要表現在：它僅適用於粒子很多的宏觀系統；它主要研究物質在平衡態下的性質，並不解答系統達到平衡態的詳細過程；它把物質視作「連續體」，不考慮物質的微觀結構。實際上，宇宙微波背景輻射 2.7K 反映的是星際真空的溫度，而星際真空中是不存在原子的。由此證明，熱的本性與光子有關，原子熱運動只是熱的一種表像而已。進而可以得出結論，建立在熱動說基礎之上的熱力學需要徹底修正。

總而言之，大爆炸宇宙學是錯誤的。

第 10 章

暗能量與引力場

第 10 章 暗能量與引力場

　　在宇宙學中，暗能量是一種充溢空間的、增加宇宙膨脹速度的難以察覺的能量形式。暗能量假說是當今對宇宙加速膨脹觀測結果的解釋中最為流行的一種。

　　根據「普朗克」探測器收集的資料，科學家對宇宙的組成部分有了新的認識，宇宙中普通物質和暗物質的比例高於此前假設 25%（如圖 10-1 所示），而暗能量這股被認為是導致宇宙加速膨脹的神秘力量則比想像中少，占 68.3%。

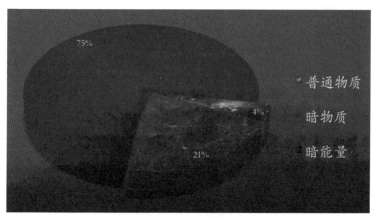

圖 10-1 宇宙的組分

「暗能量」相比較暗物質更是奇特的有過之而無不及，因為它只有物質的作用效應，而不具備物質的基本特徵，所以都稱不上物質，故爾稱之為「暗能量」。「暗能量」雖然既不被人們所感覺也不被各種儀器所觀測，但是人們憑藉理性思維可以預測並感知到它的確存在。

不過，關於暗能量的一些基本問題依然存在爭論，甚至就暗能量到底存在與否也是眾說紛紜。造成這一狀況的關鍵在於，宇宙膨脹還存在其它可能的解釋。比如，在宇宙的最大尺度上，引力的作用方式和表現可能與一般情況下截然不同。

中國科學院理論物理研究所李淼研究員曾經半開玩笑地表示：「有多少暗能量專家，就有多少暗能量模型。」也許這種說法不無誇張之處，但自上世紀末概念提出以來，暗能量在理論方面的混沌狀況，從中也可見一斑。

根據系統相對論，這個「只有物質作用效應而不具備物質的基本特徵」的暗能量所描述的是中性場的一個側面，而引力場描述了中性場另一個側面。換言之，暗能量和引力場是對同一個事物——中性場——兩種性質的分別表述。下面簡要討論。

10.1 質量起源與中性場的產生

質量起源是一個有關世界本原的問題。有質量的物質主要由質子、中子、電子等粒子組成，因此要討論質量的起源，歸根到底是要討論這些粒子的質量起源。

10.1.1 希格斯粒子

基於粒子物理學的標準模型，人們通過構建出的極其複雜的數學模型，從能量僅匯出了粒子的大部分質量（約 93%）。後來人們普遍看好希格斯機制，並一直致力於尋找希格斯粒子。

歐洲核子研究中心在大型強子對撞機實驗中「發現」疑似希格斯粒子的蹤跡，並於 2012 年 7 月 4 日發佈聲明：「新發現的粒子與長期尋找的希格斯玻色子一致。」因此比利時物理學家弗朗索瓦·恩格勒特和英國物理學家彼得·希格斯分享了 2013 年諾貝爾物理學獎。

對此，許多人表達了疑慮。美籍華人張操教授在它的博客中說道，「在 2013 年 3 月，CERN 的科學家經過討論，在沒有充分得到疑似希格斯玻色子進一步的物理性質的情況下，『認定』了這個疑似粒子就是希格斯玻色子。

像 CERN 這樣的大型實驗室，全世界只有一家，別無分店。所以，當這些大牌科學家說『認定』，別人要否定也沒有充分理由。」

對於自旋為 0 的希格斯玻色子，系統相對論認為，自旋為 0 是指任意角度看上去都一樣，這意味著粒子的外場是各向同性的中性場（參見圖 10-4）。根據系統相對論的粒子模型，除光子外，所有微觀粒子的場都是由極性場和中性場構成的複合場，只有分子級以上的微粒，它的中性場才能將內部粒子的極性場遮罩在體內，而表現出外場為各向同性的中性場。這與後來人們推導出的「希格斯玻色子質量將非常大」不謀而合。然而，這個自旋為 0 的分子級以上的微粒與希格斯玻色子顯然是不相干的。因此，希格斯玻色子是不存在的，質量另有起源。

10.1.2 質量起源於中性場的產生

系統相對論認為，純粹的極性場粒子（如光子）反向並列凝聚成具有極性場和中性場的複合場粒子時，產生了質量。也就是說，質量源於中性場的產生。

以電子為例，電子的剖面結構如圖 10-2 所示。若干光子並列凝聚成電子時，在電子的兩個端面上，相鄰光子極性相反而相互耦合在一起，它們的耦合場線向外呈輻射

狀。由於這個場源於粒子端面上呈均勻相間分佈的光子的
出射極和入射極，而整體上不再顯示極性，故稱之為中性
場。在電子的側面上是其表面光子的極性場。

　　電子和質子的場都是由極性場和中性場構成的複合
場，極性場在宏觀上表現為電性，中性場在宏觀上表現
為質量性質，這就是電子、質子以及原子核在宏觀上既帶
「電」又有質量的原因。可見，質量起源於中性場的產生。

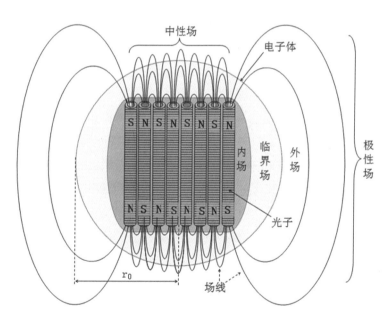

圖 10-2 電子剖面結構示意圖

值得一提的是，光子是一個純極性場的粒子，它沒有中性場，故光子沒有質量。光子場在宏觀上表現出的性質我們稱作了能量，即熱量或光能。

10.2 引力場的形成原理

10.2.1 極性場或中性場的耦合方式

極性場或中性場之間的渦管（場線）耦合，存在並聯耦合和串聯耦合兩種方式。

對於並聯耦合，兩粒子的場（極性場或中性場）耦合後，它們之間的耦合場斂聚為兩粒子構成的系統的內場，稱作並聯耦合場的斂聚性。在原子中，原子核與核外電子之間極性場耦合或中性場耦合均屬於並聯耦合。可見，原子質量是原子核質量與核外電子質量之差而非之和。

對於串聯耦合，兩粒子的場耦合後，它們之間的耦合場強度增大、輻射距離更遠（參見附錄二），稱作串聯耦合場的延展性，又稱疊加性。在原子核中，核子之間中性場的耦合以及表面核子之間極性場的耦合均屬串聯耦合。

對於一個宏觀物體的內部粒子而言，極性場的串聯耦合常發生在物體的表面粒子之間，如正靜電場，就是物體表面粒子極性場串聯耦合延伸到物體周圍而形成的；極性場的並聯耦合常發生在物體內部的粒子之間，進而使物體內斂聚了絕大多數的粒子極性渦通量。

而物體內粒子中性場之間的渦管耦合一般均為串聯耦合方式。串聯耦合的延展性使得耦合中性場溢出體外形成所謂「引力場」。中性場這種串聯耦合的延展性質，決定了引力場具有不可遮罩的性質。

10.2.2 引力場的形成原理及其場函數

從上述極性場的斂聚性原理可知，物體內部粒子的極性渦通量都斂聚在了物體內部，只有表面粒子之間的耦合極性渦通量向外延展，如圖 10-3 所示。顯然，延展到物體外的這部分極性渦通量占粒子全部極性渦通量的比例非常小，而且臨界場中大量的光子、電子等與這部分極性渦通量耦合，使這部分極性渦通量在離開表面極小的距離上就幾乎衰減殆盡。這就是臨界場強高度非線性的原因。

從中性場的延展性原理可知，通過粒子之間中性渦通量的不斷耦合、延展，物體內的中性渦通量不斷增強，當到達物體表面時，中性渦通量達到最強。

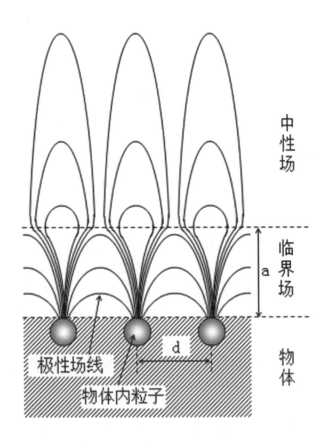

中性场

临界场

物体

a

d

极性场线

物体内粒子

圖 10-3 引力場形成原理示意圖

　　從臨界場的內側到外側的過程中，極性場強以表面粒子間距 d 為衰減步長而快速衰減、場域也同步收斂；與此同時，中性場域迅速擴展、場強也同步衰減；如圖 10-3 所示，隨著極性場域不斷縮小和中性場域的不斷擴大，極性場主導的臨界場轉變為中性場主導；最終，在離開表面粒子的 a 位置，極性場全部消失、中性場擴展到整個表面，這時中性場的場強衰減步長增大至物體的半徑 r_0。

　　通常將 a 位置稱作物體的表面，a 位置對應的場強稱作物體的表面場強。在大於 a 的空間中是物體的外場，一般，它是一個不含極性場的純中性場，物理學上稱之為引力場。

　　需要說明的是，圖 10-3 所示的三個中性場子渦中，每個子渦都是由若干出射 - 入射子渦對構成的子渦群，參見圖 10-2。

　　實際上，一個物體就是若干粒子通過相互協變運動而構成的一個協變系統。由於物體內粒子存在週期的振動和轉動，導致引力場中某點的場向量發生週期變化。引力場的這種動態的週期變化特性，系統相對論是用場函數 B(t) 來描述的。

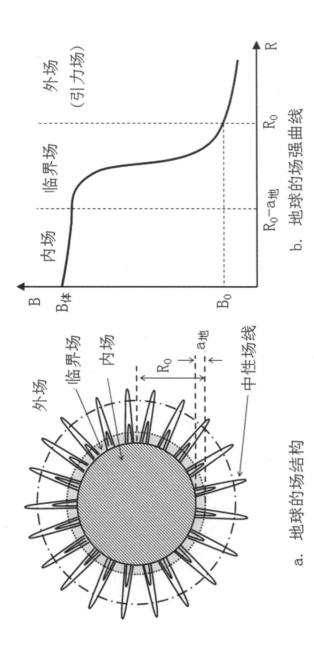

b. 地球的场强曲线

a. 地球的场结构

圖 10-4 地球的場結構

10.2.3 地球引力場

　　和微觀粒子一樣，宇觀天體也都具有三層的場結構，即內場、臨界場和外場。以地球為例，地球的場結構如圖 10-4 所示。

　　地球的內場由組成地球的粒子的外場構成。地球內場場強分佈並不均勻，一般將粒子場域邊界的平均場強稱作地球的內場強度 $B_體$。$B_體$ 的大小由構成物體的粒子及其間距所決定，距離地球中心越近 $B_體$ 越大。對於宏觀普通物體，一般將 $B_體$ 視作一個常數。

　　地球的外場是具有各向同性的中性場，即通常所說的引力場。地球引力場的場強 B 的衰減步長為地球的半徑。地球引力場是一種單極場，所謂單極場，本質是若干均勻相間的 N 子極和 S 子極形成的場的一種宏觀統計描述。單極場並非中性場所專有，極性場中也存在單極場，如靜電場 [1]。

　　在地球內場和外場之間的狹小區域，場強發生陡變，即場強衰減步長從地球內粒子半徑逐步過渡到地球半徑，這個區域稱作地球的臨界場。臨界場強是一條非線性曲線，場強大小介於 $B_體$ 和 B_0（即地球表面場強）之間，它是由中性場和極性場構成的一個複合場。

10.3 引力場的引力性質和斥力性質

人們普遍認為，引力場只產生引力作用。但事實並非如此。

10.3.1 一個思想實驗

對於位於地球靜止軌道上的衛星，人們通常根據萬有引力定律這樣來理解：以太陽為參照系，衛星每天繞地球轉一圈。對此，系統相對論有不同觀點。我們先來做一個思想實驗：

我們先把銀河系之外的所有星系都去掉，只保留銀河系，整個銀河系應照常運行。這就如同一個原子，通常情況下不論你把它放到哪兒，核外電子還會圍繞原子核運動，原子系統不會被破壞一樣。

接著，我們再把太陽系之外的所有天體都去掉，只保留太陽系，整個太陽系也照常運行。接下來，我們再把地球系統之外的所有天體都去掉，只保留地球和它的衛星，同理地球系統仍能照常運行，靜止軌道上的衛星仍會在那兒。

　　如此一來，太陽沒有了，地球的所謂自轉也就不復存在，靜止軌道上的衛星圍繞地球的所謂「轉動」也就消失了。於是我們發現，萬有引力定律在這裡失效了。

　　問題出在哪兒了呢？

10.3.2 引力場的兩種作用性質

　　實際上，在地球表面的所有物體，它們的表面場強都小於地球引力場強。換言之，地表物體都沒有外場，物體的場域邊界位於其臨界場中，地球引力場滲入了物體的臨界場中。另一方面，如 10.2.2 節所述，物體的引力場函數是由物體內粒子的運動所決定的。而物體內粒子的運動狀態又與粒子的極性場密切相關。

　　地球引力場滲入了物體的臨界場中後，與物體在臨界場中極性場發生相互作用而使物體內粒子協變運動（即內協變），進而物體的中性場函數產生協變，從而使物體中性場與地球引力場之間的渦管耦合度始終處於飽和狀態。換言之，地表物體始終受到飽和的地球引力作用。離開地表越遠，地球引力場強越弱，與物體中性場耦合渦通量就越少，物體受到的地球引力也就越小。

　　當物體位於靜止軌道 R_S 時，這時物體的表面場強 b_0

與地球在該位置的引力場強 B 相等，即 $R_S=(B_0/b_0)^{1/2}R_0$，其中 B_0 為地球表面場強，R_0 為地球半徑。由於地球表面物質的運動及其內部活動，導致地球引力場強存在微小波動，在靜止軌道上，物體外場處於時有時無的狀態，這時物體中性場與地球引力場之間場函數處於匹配與不匹配的糾纏狀態。當 $B<b_0$ 時，物體出現外場，二者場函數不匹配（物體場回到其本征場函數），物體受到斥力作用；當 $B>b_0$ 時，二者場函數匹配，物體受到引力作用。從一個時間段上看，物體受到的作用為零，即 $\int Fdt=0$。

當物體離開地球距離 $R>R_S$ 時，物體表面場強 b_0 大於所在位置的地球引力場強 B。這時物體有了外場，物體的場函數不再受地球引力場的影響，而表現出它固有的本征性。如果這時物體保持靜止狀態，由於它的場函數與地球引力場函數不匹配，而受到地球引力場的斥力作用。

由此可見，萬有引力並非「萬有」，萬有引力定律也並非普適，而僅適用於靜止軌道以內的區域而已。

10.4 引力場域的引力區和斥力區

綜上所述，我們根據相對地球靜止時衛星的受力狀態，可以將地球引力場域劃分為衛星的靜止引力區和靜止

斥力區，兩區的分界線就是衛星的靜止軌道，如圖 10-5 所示。

以地球場域為例，在靜止引力區，衛星通過內協變與地球引力場函數保持高匹配度狀態而處於引力狀態，引力與離心力的平衡使得衛星圍繞地球運行。但根據最大作用原理，隨著時間的推移，衛星與地球引力場函數的匹配度會趨於增強，而使衛星受到的引力趨於增大，於是衛星運行軌道半徑逐漸減小，直至墜落地球表面。

在靜止斥力區，衛星通過運動協變（即外協變）與地球引力場函數保持高匹配度狀態而處於引力狀態，而使得衛星圍繞地球運行。但由於地球引力場函數存在微弱的隨機波動，使得衛星與地球引力場函數的匹配度處於微弱波動之中，每當場函數匹配度減小時，衛星因受到引力減小而運行軌道半徑略微增大一些。因此，在靜止斥力區衛星會逐漸遠離地球。

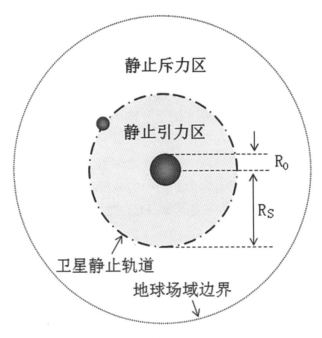

圖 10-5 地球場域按作用性質的劃分

　　由此可見，物理學中所說的引力場是對靜止引力區的描述，物理學中所說的暗能量是對靜止斥力區的描述。換言之，「引力場」和「暗能量」分別描述了中性場的引力作用性質和斥力作用性質，它們的本體都是中性場。

　　在地球場域中，月球處於它的靜止斥力區，因此月球趨向遠離，這與實際觀測每年漂離約 3.8 釐米是相符的。這雖然可以解釋某些宇宙膨脹現象，但並不支援宇宙大爆炸假說。

綜上所述，所謂的引力場並非只對物體產生引力作用，也會產生斥力作用。因此引力場的概念是不確切的，應當用中性場概念代替引力場概念，從而有助於正確理解我們的宇宙，否則我們就不得不引入暗能量的概念，顯然引力場概念已經將我們引入了歧途。

需要指出的是，靜止引力區和靜止斥力區的概念，不僅適用於中性場，同樣也適用於極性場等其他所有的場。

10.5 質量方程與四種基本力的統一

10.5.1 質量方程

質量概念源於我們對地表物體重力的體驗，根據系統相對論構建的地球引力場結構模型（參見圖 10-4），推導出的質量方程為：

$$m = \Phi_0 / \underline{v}^2 \qquad (8)$$

其中 m 為物體的質量，Φ_0 為物體表面的中性渦通量，$\underline{v}$ 為物體的固有速度。對於確定的物體，其表面渦通量 Φ_0 和固有速度 $\underline{v}$ 均為恆定常數，因此物體的質量為常數。可見，質量並不是一個基本物理量，而是一個匯出物理量。

總之，質量是對物體表面中性渦通量的描述，電量是對物體或粒子的極性渦通量的描述；而中性場又是一種極性場的耦合場（參見圖 10-2）。可見，質量和電量是相統一的，其本質都是爽子場的渦通量。

實際上，根據系統相對論的耦合力一般公式和質量方程，很容易匯出萬有引力公式的形式 [2]，只不過在這個匯出的萬有引力公式中，所謂的萬有引力常數 G 是一個與引力場強相關的變數，並非是一個常數。這就是 G 值精度不高的根源。

10.5.2 引力與強力的統一性及其差異的原因

從上述討論可知，引力場源於物體內原子核的中性場，而核子與原子核的中性場之間的耦合力就是強力的主要部分（核子與原子核的極性場之間的耦合力是強力的次要部分）。可見，引力和強力本質上是相同性質的力。

那麼，它們的力程和作用強度為什麼會如此不同呢？

現代物理學已經認識到，強力和引力的力程分別為 10^{-15}m 和 ∞，相互作用強度前者比後者高出 39 個數量級。實際上，根據系統相對論，這兩個問題是密切相關的。

強力和引力的所謂「力程」是由它們的場強衰減步長（即場源的半徑）所決定的。以地球為例，地球半徑的數量級為 10^6m，而原子核半徑的數量級為 10^{-15}m，二者半徑相差 21 個數量級。而作用力與半徑的平方成反比，因此二者作用力強度相差 42 個數量級。當然，這裡沒有考慮極性場對強力的貢獻，也沒有考慮引力場的動態性對引力的影響。

10.5.3 四種基本力的統一與萬力之源

進一步講，性質各異的各種場歸根結底都是由 cn 粒子的場演化而來。引力是指中性場之間的相互作用，電磁力是指電子或原子核的耦合極性場之間的相互作用，核力主要是指原子核中質子中性場之間的相互作用，弱力是指處於共振態的原子核表面核子的較弱的核力。所謂四種基本力都是相統一的。

可見，物理學上的四種基本作用力並不基本，它們本質上都是爽子場之間的耦合應力與剪切應力的合力（參見第 12 章注釋 2）。由於爽子場的內部應力源於爽子流體的渦運動，因此爽子流體的渦運動才是萬力之源。

注釋：

1 根據系統相對論，所謂靜電場是指物體表面的自由電子之間或原子核之間極性場相互耦合，溢出體外而形成的場。物體表面自由電子所形成的靜電場物理學上稱作負電場，由於自由電子不斷隨機運動，因此負電場本質上是一種協變電場。物體表面原子核所形成的靜電場物理學上稱作正電場，由於原子核的運動相對固定而具有本征性，因此正電場本質上是一種本征電場。

可見，正電場和負電場是相統一的，它們本質上都屬極性耦合場，在宏觀上二者之所以存在同性相斥、異性相吸的現象，是由它們場源的動態特性不同進而場的本征性不同所決定的。總之，正電和負電是宏觀範疇的概念，將它們直接引入微觀領域是錯誤的。

2 以地球引力場為例，設引力場與物體耦合渦通量為 Φ，耦合渦管（場線）的應力係數為 k_f，則引力場與物體之間的耦合引力 F 為：

$$F = k_f \Phi$$

將渦通量公式 $\Phi = \Phi_0 B / b_0$（其中：Φ_0 為物體的表面渦通量，b_0 為物體的表面場強，B 為物體周圍的引力場強度）帶入上式，考慮到與引力場的耦合渦通量為物體渦通量的 $1/2$（參見圖 12-2a），得：

$$F = k_f \Phi_0 B / (2b_0)$$

將場強公式 $B = B_0 R_0^2 / R^2$（其中：B_0 為地球表面場強，R_0 為地球半徑，R 為物體到地心距離）帶入上式，得：

$$F = k_f \Phi_0 B_0 R_0^2 / (2R^2 b_0)$$

設地球表面渦通量 $\Phi_\circ = 4\pi R_0^2 B_0$，於是有 $R_0^2 B_0 = \Phi_\circ/(4\pi)$，代入上式得：

$$F = k_f \Phi_0 \Phi_\circ /(8\pi R^2 b_0)$$

將質量方程和固有速度公式 $\underline{v}^2 = k_v/B_0$（其中 k_v 為絕對運動常數）帶入上式，並整理得：

$$F = [k_f k_v^2/(8\pi B_\circ b_0^2)] \times m_\circ m/R^2$$

即萬有引力常數 $G = k_f k_v^2/(8\pi B_\circ b_0^2)$。其中 k_f 與渦管耦合率相關。

第 11 章

時間與空間

第 11 章 時間與空間

　　時間和空間統稱為時空，對於空間和時間的認識，一直與宇宙的認識密切相關。現代物理學認為，空間和時間不僅跟物質不可分割，而且空間和時間是密切聯繫在一起的時空。直到今天，人們對時空本性的認識，進而對宇宙的認識，還處在初級探索階段。

11.1 空間

　　歷史上，對於空間的認識，存在虛空和充滿物質（如
乙太，空間被視為實物存在的一種背景）兩種觀點。對於
空間是否充滿物質的爭論，一直持續至今。

11.1.1 空間是物質的

　　20 世紀初，愛因斯坦斷言，物理客體不是在空間之
中，而是這些客體有著空間的廣延；在這裡空間本身只是
實物存在的形式，沒有實物之間的共存關係，就不會形成
位置、形狀、廣延等空間概念。

　　然而，隨著量子場論發展和真空理論的建立，量子場
論認為，量子場是物質存在的基本形式，量子場系統的基
態（即能量最低的狀態）就是真空，即空間。這一基態形
成了自然界的某種背景，一切物理測量都相對於這一背景
進行。可見，在量子場論中，真空不「空」，是充滿物質
的空間。

　　顯然，在對空間的理解上，愛因斯坦相對論與量子場
論是完全不同的，這成為那些試圖統一這兩套理論的人們
所面臨的無法逾越的障礙之一。

根據系統相對論的一元二態物質觀（見 12.1 節），流體態物質不可見且充滿整個空間，它是構成幾何空間的本體，絕對虛空的空間是不存在的。總之，空間是物質的。

11.1.2　空間是存在密度分佈的

物體的存在及運動，既體現出空間又離不開空間。因此研究物體的運動需要瞭解空間的基本性質。將乙太視為空間本體的思想，無疑是將空間納入了物質範疇，是具有里程碑意義的。然而，對空間性質即乙太屬性的認識，幾經起伏與變遷，至今未形成一個清晰的空間模型。

空間是一種爽子流體形成的連續介質。通常所說的空間是對爽子流體幾何屬性的描述，場是對爽子流體動力學屬性的描述。可見，空間和場的本體都是爽子流體，二者是統一的。

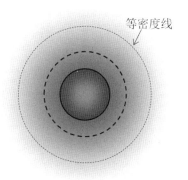

等密度线

圖 11-1 天體周圍的空間密度分佈

設物體表面的空間密度為 ρ_0，物體的半徑為 r_0，則物體周圍的空間密度 ρ 可表示為：

$$\rho = \rho_0 r_0^2 / r^2 \qquad (9)$$

可見，在物體的場域中，物體周圍的空間密度並不均勻，空間密度的大小與到物體距離 r 的平方成反比。以 r 為半徑的圓稱作等密度線，又稱等強線，如圖 11-1 所示。

對於物體周圍的空間密度分佈，愛因斯坦在廣義相對論中是用空間彎曲理論來描述的，該理論中時空曲率對應於等密度線的曲率。可見，空間並沒有彎曲，只是存在密度分佈罷了。

關於空間結構的更多討論見 12.2 節。

11.2 時間

對於時間的本性，當前科學界尚未形成一致的觀點。美國物理學家 L·斯莫林在他所著《物理學的困惑》（湖南科學技術出版社，2008）一書中斷言：「弦理論、圈量子引力以及其他試圖統一物理學的各種方法，它們都還沒

有到達那個前沿。我相信我們還缺失某個基本的東西，我們還在做著錯誤的假定。我猜它涉及兩個因素：量子力學的基礎和時間的本質。...... 我越來越感覺到量子理論和廣義相對論在深層次上都把時間的本質弄錯了。」

11.2.1 時間是從運動匯出的概念

物體的運動性表現為宇宙萬物始終處於永不停息的運動和演化過程之中。當我們對某個特定事物進行觀察時，其外界週期性的運動現象（如日出或日落）自然成為一種觀察背景，這些背景的運動週期自然成為我們測量所觀察事物的一種尺規。用這個尺規測量觀察事物的過程得到一個數值，這個數值的物理意義我們稱作時間，數值的大小表示時間的長短，這個尺規就是時間尺規，即時鐘。

正如美國物理學家惠勒（J.A.Wheeler）所說，物理學需要重建在一個新的基礎之上，在這個新的物理體系中，時間將是被匯出的。沒有週期運動就不會有時間尺規，自然也就沒有時間概念的產生。可見，時間是從週期運動匯出的概念。

11.2.2 宇宙態與時間的基本性質

在宇宙萬物永不停息的運動和演化過程中，每一時刻對應於一個宇宙的狀態，簡稱宇宙態 $\Psi U(t)$。不同時刻宇宙態的集合構成了一個宇宙態序列：

$$\cdots\cdots、\Psi U(t_{n-1})、\Psi U(t_n)、\Psi U(t_{n+1})、\cdots\cdots$$

宇宙態序列的一維性決定了時間的一維性。如圖 11-2 所示，如果將 t_n 視為現在時刻，那麼 t_{n-1} 就是剛剛過去的那個時刻、t_{n+1} 就是即將到來的那個時刻。因此，時間是有方向的，這就是霍金所說的「時間之矢」。

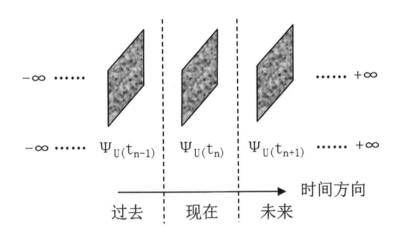

圖 11-2 宇宙態與時間

正如古希臘哲學家赫拉克利特所說「人不能兩次踏進同一條河流」一樣，我們更不可能看到兩個相同的宇宙態，這是由物質的運動性和無限性所決定的。雖然局部物體運動存在週期性，但在宇宙態序列中，任意兩個宇宙態都不相同，即：

$$\Psi U(t_n) \neq \Psi U(t_m) \quad (n \neq m) \quad\quad (10)$$

這就是宇宙態 $\Psi U(t)$ 的不可重複性，由此決定了時間的不可逆性。可見，霍金設想的可以通往過去或未來的「時間隧道」是不存在的。

物質運動的絕對性和物質的無限性表明，宇宙態 $\Psi U(t)$ 具有無限性，也就是說，宇宙沒有起點也沒有終點。而時刻與宇宙態是一一對應關係，因此時間具有無限性，即時間也是無始無終的。

11.2.3 時間是空間的一種性質

在廣義相對論中，其最根本的就是以事件和事件之間的因果關係來描述世界的歷史，從這個觀點看空間是派生的概念，它完全依賴於時間。而系統相對論的觀點正好相反，認為時間是空間的一種性質。

物體的運動是在空間中的運動，沒有空間就沒有運動，而時間又是從運動匯出的，因此時間是從空間派生出的概念。換言之，時間是空間的一種性質。

　　既然時間是空間的一種性質，由於空間存在密度分佈，那麼時間也同樣存在密度分佈。可見，時間在空間上的分佈是不均勻的。以太陽為參照系時，距離太陽越遠行星的公轉速度越高，這正是由太陽場域的空間和時間的密度不均勻所決定的。

　　由此，系統相對論匯出了一個時間變換方程：

$$t_○ = (\rho_○/\rho)^{1/3} t \qquad (11)$$

　　其中，$\rho_○$ 和 $t_○$ 分別為地表空間密度和地表觀測時間，ρ 和 t 分別為被觀測事物的本地空間密度和本地時間。

　　對於微觀環境中的事物，由於微觀環境空間密度 $\rho >> \rho_○$，因此在地表環境的觀測時間都極為短暫；對於太空環境中的事物，由於太空環境空間密度 $\rho << \rho_○$，因此在地表環境的觀測時間都較為漫長，產生太空「時間膨脹」的錯覺。顯然，愛因斯坦所謂的「孿生子佯謬」是不可能發生的。

　　綜上所述，如同質量是從萬有引力匯出、電荷（電量）是從庫侖力匯出的概念一樣，時間是從運動匯出的概念。時間、質量、電荷都是一種物理量，是我們理解和描述事物的一種方法和工具，而不是事物本身。

（從左到右依次為：耿琦 張操 張崇安 董蓓蕾 劉泰祥 張樹斌）

圖 11-3 時間公理碑

　　值得一提的是，近幾十年來，大量有關「星際穿越」、「時光穿梭」的科普讀物和影視作品充斥市場，誤導了青少年、社會大眾乃至諸多學科的專家學者。為此，張操教授等八位科學研究者聯手簽名，於 2015 年 5 月在臨汾北城雙語學校立起了一塊時間公理碑（如圖 11-3 所示）。碑文是：「時間永遠是單向流逝的；時間機器不存在，人類利用『蟲洞』進行星際旅行是不可能的。」這也許是世界上首座時間公理碑。

11.3 對四維時空的考查

　　經典物理學上的空間是三維空間。自愛因斯坦狹義相對論以來，基於時間與空間相互糾纏的認識，將時間與空間統稱為時空，時空有四個維度，其中三維為經驗空間，一維為時間。

　　我們知道，物質具有體積性質，沒有體積的物質是不存在的，體積性質是用三維來描述的。作為流體態物質的空間同樣具有體積性質，即空間是三維的。

　　如 11.2.3 節所述，既然時間是空間的一種性質，那麼，它就是三維空間範疇內的一個概念，而不可能獨立於三維空間之外。換言之，時間維度不能視為獨立於三維空間之外的另外一維空間。

　　另外，觀察者離不開時間，即觀察者無法獨立於四維時空系之外觀察某個事物。換言之，三維空間系下才存在觀察者和時間。因此，對於一個觀察者來講，四維時空系是不存在的。可見，四維時空只是一種思維的產物，它沒有任何物理意義。

　　對於各占宇宙半壁江山且雄踞一方的愛因斯坦相對論

和量子理論，系統相對論認為，適用於宇觀高速領域的愛因斯坦相對論和適用於微觀的量子論，如同黑體輻射理論中適用於高頻段的威恩公式和適用於低頻段的瑞利 - 鐘斯公式一樣，它們都是不正確的；所不同的是，威恩公式和瑞利 - 鐘斯公式在普朗克公式中可以退居到「近似」的地位上；而愛因斯坦相對論和量子論，在系統相對論中只能退居到「相當於」的地位上，這是因為它們在基礎概念上出了問題，如空間、時間等概念。

可見，通過修正現有理論的方法試圖逐個解決當前所面臨的各種挑戰和課題是不可能的，只有改變原來的「自大而小」[1]的研究方法，首先找到真正的宇宙之磚，才能構建出一個真實的宇宙，進而一攬子解決當前所面臨的各種挑戰和課題。

11.4 對額外維空間的考查

當前弦理論再次成為科學前沿的寵兒。弦理論中流淌的是波的血液——振動的弦，它幾經沉浮最終脫胎換骨成具有 11 個時空維度的 M 理論。在科學界經歷了一系列的失敗[2]後，弦理論成為大多數科學家期望實現大統一的唯一希望。

對於這個被多數人普遍看好的弦理論，系統相對論有一個不太恰當比喻：弦理論如同拾荒者用的那輛車。弦理論對於任何新現象總可以通過調整那些自由參數來滿足，這就像拾荒者將遇到的所有物品都撿起並總能在車上找到一個合適的位置放下一樣。當車上實在放不下更多的物品或找不到合適的位置時，拾荒者就使出「獨門絕技」再開闢出一維新的空間，於是車上的空間一下子擴大了無數倍。這時如果有人問，增加如此多的空間計畫放些什麼東西時，拾荒者直截了當地回答：撿到什麼就放什麼。

當然，這樣的車子可以裝下整個宇宙，但他卻永遠不知道下一次要撿到何物，也永遠不知道何時才能撿完所有物品。這就是弦理論所面臨的困境，結局可想而知。

雖然霍金等一些人認為，M 理論是大設計的唯一候選者，但系統相對論認為，三維空間中的動態宇宙，在四維時空下已經成為愛因斯坦的靜態宇宙——一種永恆的「存在」（如圖 11-4 所示）。而這種永恆的「存在」本質上是不存在，因為永恆「存在」意味著時間靜止了，而存在的時間為零的事物是不存在的。

既然四維時空意味著不存在，那麼 5 個維度下的宇宙就更不存在了，更何況多達 11 個維度甚至幾十個維度的宇宙。可見，用弦理論的這根「弦」是無法將愛因斯坦相

對論和量子論連接起來的。

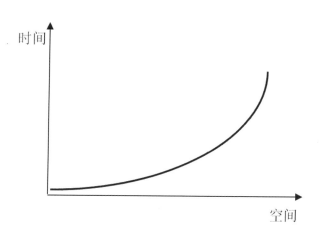

圖 11-4 四維時空示意圖

　　令人欣慰的是，據 2010 年 3 月 13 日《新科學家》祝賀英國皇家學會會員、數學家彭羅斯八十華誕文章透露：「最近，弦論的創立者威藤（E.Witten）已採用彭羅斯的扭量理論，試圖將弦論的 11 維時空減為較易對付的 4 維。」

　　威藤棄 11 維用 4 維時空，無疑是向正確的物理學道路靠近了一大步，但這還只是回歸到愛因斯坦的 4 維時空，距離正確的道路還有一步之遙。

注釋：

1 美國華裔物理史學家和哲學家曹天元教授在《量子物理史話—上帝擲骰子嗎》（遼寧教育出版社 2008）一書的 337 頁寫道，「以往人們喜歡先用經典手段確定理論的大框架，然後再從細節上做量子論的修正，這可以稱為『自大而小』的方法。……現在人們開始認識到，也許『自小而大』才是根本的解釋宇宙的方法。」

2 人們普遍認為宇宙是統一的。然而自愛因斯坦相對論和量子理論分別創立後，宇宙被分割為宇觀高速和微觀量子互不相容的兩個部分。為了實現二者以及與經典物理學的統一，人們提出了許多統一的思想和方法。然而，近一個世紀過去了，卡魯札 - 克萊因理論失敗了、愛因斯坦的統一場論失敗了、SU(5) 大統一理論失敗了、超對稱理論也失敗了，等等。直到現在，人們所做的所有試圖統一的努力都以失敗而告終。

第12章

宇宙的層級與
結構

第 12 章　宇宙的層級與結構

　　系統相對論採用「自小而大」的研究方法，從 cn 粒子假設入手，逐步架構起各種光子、粒子、物體和天體。系統相對論中許多概念的內涵與物理學上的定義存在不同程度的差異，由此可見，系統相對論採用的是一套與以往不同的全新的概念體系，也正是通過概念的創建與更新，才建立起了一種理解自然界的新方式和一種描述自然界的新方法，進而描繪出了一個全新的宇宙圖景。

12.1 宇宙之磚和宇宙的層級

　　人類對自然界物質本源的探索，從殷周時期的「五行說」、古希臘的「原子說」，經近代的化學元素和原子模型，到現代粒子物理學提出的 62 種基本粒子（即宇宙之磚），一直持續至今。從 20 世紀 80 年代開始，為數眾多的基本粒子引導人們去設想這些粒子的結構，物理學家們對此已經給出了許多理論模型，但各模型之間差別很大。目前，對宇宙之磚的探索仍是科學前沿的熱門研究領域。

12.1.1 物體（粒子）的結構與場

　　如同兩個磁體之間的相互作用一樣，任何兩個物體之間的相互作用都是通過場傳遞的。光子通過天體表面時路徑發生向內偏折的事實表明，天體引力場與光子之間存在相互作用。換言之，光子也具有一個場——光子場。相互作用無處不在的事實表明，任何物體或粒子都有場。

　　我們知道，永磁體的周圍有一個磁場，但當它受到劇烈撞擊時磁性就會減弱，這是因為其內部的分子排列有一定規則，一旦這個排列規則被破壞，磁性就會減弱甚至消失。由此可見，永磁體的磁性取決於其內部組織結構。推而廣之，一切物體或粒子的場都是其內部結構的一種外在

反映。

12.1.2 一元二態物質觀與宇宙之磚

自然界是物質的，物質是量子化的，一切物質都是由能量子（與普朗克的定義不同，見下文）構成的；物質具有流體態和剛體態兩種狀態，流體態的能量子稱作爽子，剛體態的能量子稱作 cn 粒子；這兩種狀態的物質相互依存、相互作用和相互轉化。這就是系統相對論的基本物質觀——一元二態物質觀。

爽子是物質存在的基本形態，由爽子構成的物質是一種流體態物質（一種超流體），稱之為爽子流體。爽子流體中的爽子無縫隙地連接在一起，如同肺泡結構。爽子流體不可見且充滿整個空間，換言之，它是構成幾何空間的本體，因此空間是爽子流體的一個別稱。

cn 粒子是一個剛體式的單爽子渦環，它是爽子流體非線性薛定諤方程的孤立波解。cn 粒子周圍存在一個伴生場，由爽子構成的渦環從它的一端旋進、另一端旋出，渦環旋進的一端稱作陰極，渦環旋出的一端稱作陽極，如圖 12-1 所示。陰極和陽極對應於電磁理論中的磁南極 S 和磁北極 N。可見，cn 粒子就是一個理想的微小磁體，cn 粒子周圍的渦線（環）類似法拉第所說的「力線」。

cn 粒子就是普朗克提出的能量子 ε_0[1]，它是構成包括光子在內的所有粒子和物體的最基本單元，也是最小的物體，系統相對論稱之為「宇宙之磚」。

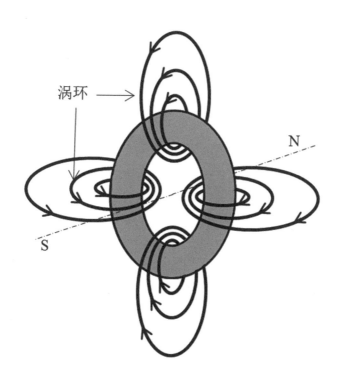

圖 12-1 cn 粒子示意圖

12.1.3 宇宙的層級

以流體態物質為背景，按物體的結構層次，宇宙（物體）由低到高可分為 10 個層級：

第一層：cn 粒子。即宇宙之磚。

第二層：光子。由 cn 粒子疊聚成的管狀粒子，cn 粒子也是最小的光子。

第三層：電子、質子等單粒子。它們是由光子組成的有特定幾何結構的粒子。

第四層：中子、原子核等複合粒子。它們由電子、質子等單粒子組成。

第五層：原子和分子。包括高分子、超分子等。

第六層：原子或分子的聚合體，即一般物體。

第七層：天體。包括恆星、黑洞等。一般具有多物態分佈結構。

第八層：恆星系。如太陽系，需要指出的是，太陽黑子本質是一種超分子體。

第九層：星系。如銀河系，它是由黑洞雙極噴流所孕育形成。

第十層：星系團（群）。如銀河系所在的本星系群和本超星系團，它是整個宇宙系統的基本組織團塊。

我們人類自身處在宇宙的第六層級。

12.2 宇宙的結構

超核孕育出的無數個類似太陽系的恆星系，與超核一起構成了一個星系；多個甚至成千上萬個類似銀河系的星系，通過或強或弱的相互作用組成了一個星系團；星系團如同宇宙系統中的一個個組織團塊，它們通過較弱的相互作用，共同構成了一個動態（不斷演化）的、有機（相互作用）的宇宙系統。如圖 12-2 所示。

12.2.1 星系團

如同空中水汽（冰晶）會形成雲團一樣，相距較近的星系之間存在較強的相互作用，也會形成星系團，如圖 12-2c 所示。由於星系團中某個星系發生黑洞大爆炸後留下的種子星，更容易留在星系團內繼續演化，因此星系團更像是一個有著或遠或近「血緣」關係的家族群落，這樣的星系團又叫家族星系團。

星系團的類型還有其它形式。比如，一些演化到末期的星系，其原始星雲形成的一些天體也已經演化到超核形成、並開始孕育它的星系（即子星系）階段，這種母星系及其子星系構成的星系團又叫母子星系團。還有，家族星系團和母子星系團共同形成的混合星系團，等等。

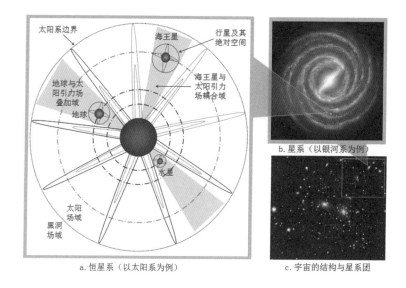

a. 恒星系（以太阳系为例）

b. 星系（以银河系为例）

c. 宇宙的结构与星系团

圖 12-2　宇宙的結構

　　天文觀測中時常看到這樣的情景：兩個星系相距非常近，甚至一個星系的銀臂已經被另一個星系的超核吸引過去，好像這個星系正在被另一個星系吞噬。但這或許只是一種錯覺。

　　如同水蒸汽凝結成水滴後，水分子之間的相互作用會更強而在更小的間距上達到引力和斥力[2]的平衡，進而共同構成一個更加緊密的協變系統，但水分子都仍保持著它們的獨立存在。對於兩個相距很近星系，一般都處於互為靜止斥力區的位置，它們通常在相互引力和斥力的平衡位

置保持相對穩定的距離，而不會輕易發生吞噬或融合。

實際上，一個星系正在「吞噬」另一個星系銀臂的現象，通常並非它們相互靠近所引發，而主要是隨著星系成長，銀臂不斷向外擴張，進入了鄰近大型星系的引力場域中，而被該星系超核旋轉引力場拖拽的結果。當然，還有其它諸如黑洞大爆炸影響等多種情況，在此不再贅述。

12.2.2 星系和恆星系的結構

如果把星系團看作生物體中一個「組織」，那麼星系就是構成這個組織的「細胞」。倘如此，細胞壁就是相鄰星系的場域邊界，細胞核就是指位於星系中心的超核，細胞質就是飄散在整個星系中的宇宙塵埃（原始星雲），細胞質中的蛋白質等高分子就是原始星雲演化成的恆星系、天體等。

總之，每個星系都擁有一個屬於自己的疆域（即場域），並通過與鄰近星系的共同疆域邊界（即共同場域邊界）而相互作用，進而形成了一個「組織」──星系團。

恆星系結構如圖 12-2a 所示。根據系統相對論的場域原理，物體的場域就是物體擁有的獨立空間，該空間隨物

體一起運動，即相對物體靜止，因此這個空間又稱作該物體的絕對空間 [3]。

以太陽系為例，太陽的絕對空間即整個太陽系，各行星及其絕對空間懸浮於太陽的空間之中，它們相對太陽的絕對空間運動且彼此獨立，太陽系的外面是銀河系中心的黑洞的絕對空間（場域）。

12.3 宇宙運行原理與穩態宇宙圖景

12.3.1 宇宙運行原理

看似紛繁複雜、千變萬化的宇宙，歸納綜合後可以發現，所遵循的只是兩個簡單的原理：收縮原理和膨脹原理，統稱宇宙運行原理。

收縮原理又稱最大作用原理，自誘導運動、協變運動等都是遵循最大作用原理。從小到粒子的產生、大到恆星的形成，從小到電子圍繞原子核運動、大到星系的運行，從小到水分子構成的水滴系統、大到星系和星系團構成的整個宇宙系統等等，這些都無不是遵循著最大作用原理。最大作用機制的實質是內部應力的增強和物質的聚集過程。

膨脹原理又稱應力釋放原理，噴發、爆發、爆炸等都是膨脹原理的體現，它是收縮原理的逆過程。比如，在一個恆星發生大爆炸（大噴發）前，不斷生成（遵循最大作用原理）的各種粒子，導致內部粒子間距減小，原來粒子間引力與斥力的平衡被打破，粒子間斥力不斷增大（如同彈簧在不斷被壓緊），而這個斥力被超分子殼層所束縛，導致內部壓力不斷增大。當內部壓力超過殼層承受極限時，殼層破裂，粒子噴流而出，彈性壓力得到快速釋放。隨後，這些噴射出的物質，又遵循最大作用原理形成新的天體。

考查從原始星雲到黑洞大爆炸的整個過程，可以發現，收縮原理和膨脹原理貫穿於整個過程的始終。黑洞大爆炸是膨脹原理的最高體現，cn 粒子的產生是最大作用原理的最高體現。

總之，正是收縮原理和膨脹原理共同演繹著天體演化、星系更替和宇宙運行。

12.3.2 穩態宇宙圖景

宇宙中的每一個星系都按 1 至 8 章的討論產生、演化和消亡。如果我們用一個時距可調的廣角鏡來觀察宇宙，先將時距調至最小（比如 1 秒鐘可以看到宇宙 100 億年的演化歷程），那麼我們會看到這樣一幅宇宙圖景：

宇宙中星羅棋佈的星系不斷地產生與消失、黑洞大爆炸此起彼伏，無始無終。這就是宇宙永恆的主旋律。

總之，所謂宇宙大爆炸從未發生過，宇宙是穩態的、和諧的、統一的，物質是不滅的、永恆的。

注釋：

1 1900 年，普朗克從適用於高頻的威恩位移定律和適用於低頻的瑞利 - 鐘斯分佈公式，擬合出了普朗克黑體輻射公式。為了給出公式的解釋，普朗克認為，產生電磁波的源可看成是「諧振子」，進而假設諧振子的振動能量 E_r 只可能取離散值，即：$E_r=nh\nu_0=n\varepsilon_0$。與此不同，1905 年愛因斯坦為了解釋光電效應，假設電磁波本身是量子化的，即光由粒子組成，稱之為光子。光子的能量 E_ν 可表示為：$E_\nu=h\nu$

系統相對論認為，「諧振子」的概念是普朗克為了理解他的黑體輻射公式而提出的，它未必是一種真實的存在。因為諧振子無法被直接觀測，實際上我們是通過觀測諧振子發出的光子來間接理解它的。換言之，諧振子的能量 E_r 是通過它發出的光子的能量 E_ν 反映出來的。可見，E_r 與 E_ν 是同一個物理量。於是有：$E_\nu=E_r=n\varepsilon_0=h\nu$

上式中，ε_0 不再是「諧振子」中的能量子，而應理解為光子中的能量子。由此可知，光子的能量 E_ν 是能量子 ε_0 的整數倍。換言之，光子是由若干能量子 ε_0 構成的，光子所含能量子的數量越多，光子的能量 E_ν 就越高，在真空中它的轉動頻率 ν 也越高。在系統相對論中，這個能量子 ε_0 被稱作了 cn 粒子，即宇宙之磚。

2 原子核中的核子之間、物體中的粒子之間，乃至星系團中的星系之間，都同時存在兩種相互作用：一是在它們共同場域邊界耦合面 s_q 上產生的耦合應力 F_q，即引力作用（$F_q= \int p \times ds_q$ 其中 p 為應力強度）；二是在它們共同場域邊界剪切面上產生的剪切應力 F_r，即斥力作用（$F_r= \int -p \times ds_r$）。對於一個穩定的系統，在一個時間段上看，引力 F_q 和斥力 F_r 大小總是相等的，即它們的合力為零：$F_q+F_r=0$，從而確保了系統的穩定。

　　實際上，不考慮外界影響，任何兩個物體或粒子之間總是同時存

在引力和斥力兩種相互作用，只是在引力或斥力占主導地位時，另一個相反的力因觀察不到它的作用效應而往往被忽略罷了。系統相對論稱之為作用力的複合力性質。

3 這裡所說的絕對空間不同於牛頓所提出的概念，因為一個物體的絕對空間只是在物體周圍的極為有限的一塊空域，而不是整個的連續空間，因此系統相對論的絕對空間是對具體物體而言的，它具有相對性；但也不同於愛因斯坦提出的彎曲空間概念，因為空間中所充滿的流體態物質是空間的本體，由於物體周圍的流體態物質存在密度分佈（與場強是正比關係），而呈現出一種「空間彎曲」的效應而已，但空間本身並沒有彎曲。

邁克爾遜 - 莫雷實驗是在地球的絕對空間中進行的，無論光源如何運動，發出的光子進入地球引力場後，光子速度只與地球引力場有關。換言之，地球引力場中的光子只相對地球作光速 c 運動。可見，邁克爾遜 - 莫雷實驗中的兩束光線的速度都是光速 c，因此得出「零結果」是必然的。

同理，所謂光行差現象，並非廣義相對論認為的「光線運動受引力影響」所致，而是地球絕對空間（即地球場域）在太陽場域（即太陽絕對空間）中相對運動的結果。

後　記

後　記

「宇宙探秘之旅」到此結束。

也許有讀者會產生這樣一種感覺和疑問：宇宙中千姿百態的各種天體應該存在關聯性，本書描述的一而貫之的關聯方式似乎也有些道理，但如何證明其正確性（或部分正確）呢？

正如波普爾的證偽理論所說，任何科學理論都無法「證實」而只能「證偽」。縱觀科學發展史，許多當初認為正確的理論後來卻發現是錯誤的。記得霍金曾說過，如果兩個理論都能描述相同的事實，我們就不能確定哪一個理論更正確。

但是，如果一個理論比另一個理論描述了更多的事實，我們就可以認為，這個理論比另一個理論更有效，因為它有更大的適用範圍；或者說，這個理論比另一個理論更基本，因為它能包含另一個理論。

實際上，雖然引力場概念很少出現在本書中的顯要位

置，但它卻或隱或現地貫穿於整本書的字裡行間，是名副其實的主角。關於引力場的討論，我想 10.3 節的思想實驗應該給讀者留下了深刻印象，這個思想實驗最早可追溯到牛頓的水桶實驗。

自牛頓提出水桶實驗以來，關於引力場、空間以及時間的本性問題，人們已經爭論了 300 多年，而尚無定論。但這並沒有阻止人們探索宇宙的步伐，顯然理論已經被實踐遠遠地拋在了後面。霍金將科學理論滯後實踐的現狀簡單歸罪於哲學（他認為「哲學已死」），這是不公平的。

如果我們將事物的一部分性質（或一個側面）看作了它的全部，那麼，當看到該事物另一部分性質（或另一個側面）時，我們自然會認為這是與之完全不同的另外一種新的事物。

比如，中性場。由於人們已經將引力性質視為中性場的全部性質（這也許就是「引力場」稱謂的由來吧），當看到中性場的斥力性質時，就認為這是一個新事物，而取名為暗能量。在系統相對論看來，如果將中性場視為一枚硬幣，引力場和暗能量就是這枚硬幣的正面和反面。

毫無疑問，愛因斯坦相對論和量子理論是對經典物理學發起的一場大革命。然而，這兩套理論互不相容、各管

一方，如同整個宇宙這枚硬幣的正面和反面。統一宇宙的觀念使人們逐漸認識到，這兩套理論也許只是一種過渡性的理論。

　　可見，20 世紀初發起的這場物理學革命還尚未成功。究其原因，還是牛頓水桶的問題沒有徹底解決所致。隨著宇宙越來越多的不同層面和不同側面的現象紛紛呈現在我們面前，人們漸漸退卻的革命熱情正再次凝聚，預示著這場物理學革命的最後總攻即將到來。

劉泰祥

2015 年 8 月 於新加坡

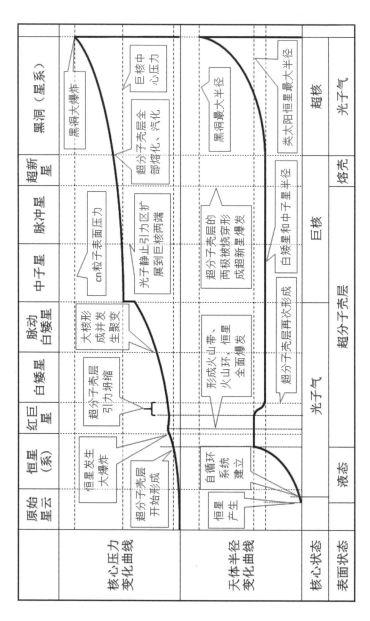

附錄一：天體演化一覽

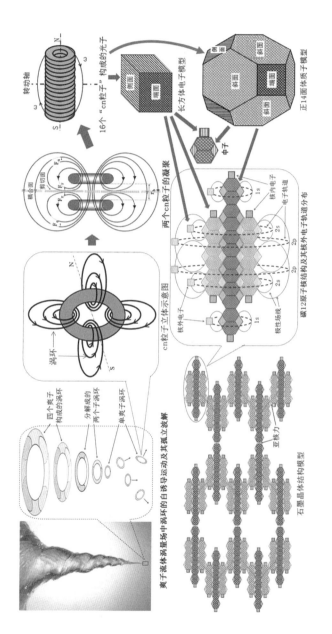

附錄二：微觀粒子形成原理一覽

附錄三：相關書籍和論文一覽

1. 相關書籍出版情況

2010 年 11 月，從中國文化發展出版社出版《系統相對論》（第一版）。

2012 年 12 月，從科學技術文獻出版社出版《系統相對論》（第二版）。

2013 年 9 月，從美國學術出版社出版《系統相對論》（修訂版）。

2014 年 9 月， 從 美 國 學 術 出 版 社（ACADEMIC PRESS CORPORATION）出版《系統相對論》（THE THEORY OF SYSTEM RELATIVITY）（英文版）。

2014 年 10 月，從中國預印本服務系統發表《系統相對論》（精簡版）。

2. 相關論文發表情況

『AN INTERESTING MODEL OF PHOTON』Physics Essays CAN 2015 年 5 月 第 28 卷 P203-207。

《對物理學進展的考查及系統相對論描繪的世界圖景》 相對論的真理與謬誤——紀念廣義相對論發表百周年研討會論文集 2015 年 5 月 P63-67。

《真空能與真空能太空船》 科技創新與品牌 2014 年 12 月 P79。

《愛因斯坦相對論與量子論的統一》 科技創新與品牌 2014 年 11 月 P61。

《時空概論》 科技創新與品牌 2014 年 10 月 P95.。

《光速方程與光子衰變》 科技創新與品牌 2014 年 9 月 P74。

《黑洞模型和銀河系的起源》 科技創新與品牌 2014 年 8 月 P45。

《太陽系起源》 科技創新與品牌 2014 年 7 月 總第 85 期 P79。

《為什麼探測不到質子的衰變？》 科技創新與品牌 2014 年 6 月 P78。

《微波背景輻射各向異性的物理意義》 科技創新與品牌 2014 年 5 月 P78。

《質量起源》 科技創新與品牌 2014 年 4 月 總第 82 期 P73。

《萬力之源》 科技創新與品牌 2014 年 3 月 總第 81 期 P67。

《宇宙之磚》 科技創新與品牌 2014 年 2 月 總第 80 期 P76。

《從光的波粒二象性談起》 科技創新與品牌 2014 年 1 月 P72。

《物理學的現狀、問題根源與突破困境的方法》科技創新與品牌 2013 年 8 月 總第 74 期 P60-61。

『An New Comprehension on Time』 in 『Unsolved Problems in Special and General Relativity』, Education Publishing, Columbus, USA, 2013, pp.141-153。

《物質的本性》 雲南大學學報（自然科學版）第 35 卷 2013 年 S1 期 P157-163。

《系統相對論的能源觀》 山東師範大學學報 2013 年 6 月 第 28 卷 教學與科研 P70-74。

《一個簡單直觀的時空模型》 北京相對論研究快報 2013 年 第 3 期 第 11 卷 P27-34。

《北相濟南理論報告會發言稿》 格物 2013 第 2 期 P59-61。

《根據系統相對論對空間和質量所做的考查》新科技 2012 年 第 1 期 總第 15 期 P83-90。

《一個新的光子模型》 山東師範大學學報 2012 年 6 月 第 27 卷 教學與科研 P53-57。

《運動與光速概論》 山東大學學報（理學版）2011 年 12 月 第 46 卷 S2 期 P16-19。

《天體引力場淺析》 科技創新導報 2011 年 第 24 期 總第 204 期 P219-220。

《二態物論》 科技資訊 2011 年 第 20 期 總第 269 期 P100-102。

《量子論新解》 科技致富嚮導 2011 年 第 20 期 總第 395 期 P242-244。

參 考 文 獻

胡中為，普通天文學。南京：南京大學出版社，2006。

楊桂林，江興方，柯善哲。近代物理。北京：科學出版社，2009。

童秉綱，尹協遠，朱克勤。渦運動理論，第二版。合肥：中國科學技術大學出版社，2009。

方勵之。惠勒演講集：物理學和質樸性。合肥：安徽科技出版社，1982。

愛因斯坦。愛因斯坦文集，1 卷。北京：商務印書館，1976.

曹天予 [美]。20 世紀場論的概念發展。上海：上海世紀出版集團，2008。

盧希庭，原子核子物理。北京：原子能出版社，2008。

劉佑昌。現代物理思想淵源。北京：清華大學出版社，2010。

張操 [美]。物理時空理論探討——超越相對論的嘗試。上海：上海科學技術文獻出版社，2011。

徐龍道，等。物理學詞典。北京：科學出版社，2007。

馮元楨 [美]。連續介質力學，第三版。北京：清華大學出版社，2009。

黃新民，張晉魯。普通物理學。南京：南京大學出版社，2007。

趙凱華。光學。北京：高等教育出版社，2008。

惠更斯。光論。北京：北京大學出版社，2007。

史蒂芬‧霍金，列納德‧蒙洛迪諾。大設計。長沙：湖南科學技術出版社，2011。

趙凱華，陳熙謀。電磁學，第二版。北京：高等教育出版社，2009。

弗蘭克‧維爾切克。奇妙的現實。北京：科學出版，2010。

趙凱華，羅蔚茵。量子物理，第二版。北京：高等教育出版社，2008。

L‧斯莫林。物理學的困惑。長沙：湖南科學技術出版社，2008。

塗良成，黎卿，邵成剛，等。萬有引力常數 G 的精確測量。中國科學：物理學、力學、天文學，2011，第 6 期。

盧昌海。品質起源。北京：現代物理知識，2007，第 1-3 期。

百度百科。白矮星、中子星、黑洞、奇點、木星、火星、星系團、紅巨星、超新星等。

國家圖書館出版品預行編目資料

天體演化概論 / 劉泰祥　著　--初版---- 臺北市：蘭臺，2015.11
面 ；　公分.--（自然科普；2）
ISBN 978-986-5633-18-9（平裝）
1.宇宙
　323.903
104024377
自然科普2

天體演化概論

作　　　者：劉泰祥
美　　　編：陳湘姿
封 面 設 計：陳湘姿
編　　　輯：高雅婷
出　版　者：蘭臺出版社
發　　　行：博客思出版事業網
地　　　址：臺北市中正區重慶南路1段121號8樓14
電　　　話：（02）2331-1675或（02）2331-1691
傳　　　真：（02）2382-6225
E—MAIL：books5w@gmail.com或books5w@yahoo.com.tw
網路書店：http://store.pchome.com.tw/yesbooks/
　　　　　http://www.bookstv.com.tw/
　　　　　博客來網路書店、博客思網路書店、華文網路書店、三民書局
總　經　銷：成信文化事業股份有限公司
劃撥戶名：蘭臺出版社　帳號：18995335
香港代理：香港聯合零售有限公司
地　　　址：香港新界大蒲汀麗路36號中華商務印刷大樓
　　　　　C&C Building, 36,Ting, Lai, Road, Tai,Po, New,Territories
電　　　話：（852）2150-2100　　傳真：（852）2356-0735
總　經　銷：廈門外圖集團有限公司
地　　　址：廈門市湖裡區悅華路8號4樓
出版日期：2015年11月 初版
定　　　價：新臺幣380元整
ISBN： 978-986-5633-18-9(平裝)